信息科学技术学术著作丛书

面向片上缓存子系统的功耗优化方法

何炎祥　沈凡凡　著

科 学 出 版 社

北　京

内 容 简 介

缓存作为计算机存储体系结构中的重要组成部分，对系统功耗和性能非常关键。本书全面系统地介绍缓存优化方法及其关键技术，从存储体系结构的角度出发，解决缓存的静态功耗和动态功耗问题，从而保证系统整体功耗的降低。同时，本书还重点阐述新型非易失性存储技术在架构缓存中的应用与实践。本书的主要内容是作者近年来在该领域的最新研究成果，具有较强的原创性。

本书可作为高等院校和科研院所计算机科学与技术、计算机系统结构、计算机应用技术等相关专业的高年级本科生或研究生用书，也可供软件优化等相关领域的研究人员学习和参考。

图书在版编目(CIP)数据

面向片上缓存子系统的功耗优化方法/何炎祥，沈凡凡著. —北京：科学出版社，2018.1

(信息科学技术学术著作丛书)

ISBN 978-7-03-056477-1

Ⅰ.①面… Ⅱ.①何… ②沈… Ⅲ.①网络服务器 Ⅳ.①TP368.5

中国版本图书馆 CIP 数据核字(2018)第 020002 号

责任编辑：魏英杰 / 责任校对：桂伟利

责任印制：张 伟 / 封面设计：陈 敬

科学出版社 出版

北京东黄城根北街 16 号

邮政编码：100717

http://www.sciencep.com

北京中石油彩色印刷有限责任公司 印刷

科学出版社发行 各地新华书店经销

*

2018 年 1 月第 一 版 开本：720×1000 1/16

2018 年 1 月第一次印刷 印张：13 1/2

字数：270 000

定价：95.00 元

(如有印装质量问题，我社负责调换)

《信息科学技术学术著作丛书》序

21 世纪是信息科学技术发生深刻变革的时代，一场以网络科学、高性能计算和仿真、智能科学、计算思维为特征的信息科学革命正在兴起。信息科学技术正在逐步融入各个应用领域并与生物、纳米、认知等交织在一起，悄然改变着我们的生活方式。信息科学技术已经成为人类社会进步过程中发展最快、交叉渗透性最强、应用面最广的关键技术。

如何进一步推动我国信息科学技术的研究与发展；如何将信息技术发展的新理论、新方法与研究成果转化为社会发展的推动力；如何抓住信息技术深刻发展变革的机遇，提升我国自主创新和可持续发展的能力？这些问题的解答都离不开我国科技工作者和工程技术人员的求索和艰辛付出。为这些科技工作者和工程技术人员提供一个良好的出版环境和平台，将这些科技成就迅速转化为智力成果，将对我国信息科学技术的发展起到重要的推动作用。

《信息科学技术学术著作丛书》是科学出版社在广泛征求专家意见的基础上，经过长期考察、反复论证之后组织出版的。这套丛书旨在传播网络科学和未来网络技术，微电子、光电子和量子信息技术、超级计算机、软件和信息存储技术、数据知识化和基于知识处理的未来信息服务业、低成本信息化和用信息技术提升传统产业，智能与认知科学、生物信息学、社会信息学等前沿交叉科学，信息科学基础理论，信息安全等几个未来信息科学技术重点发展领域的优秀科研成果。丛书力争起点高、内容新、导向性强，具有一定的原创性，体现出科学出版社“高层次、高水平、高质量”的特色和“严肃、严密、严格”的优良作风。

希望这套丛书的出版，能为我国信息科学技术的发展、创新和突破带来一些启迪和帮助。同时，欢迎广大读者提出好的建议，以促进和完善丛书的出版工作。

中国工程院院士

原中国科学院计算技术研究所所长

前　言

近年来，随着科技的迅猛发展，智能手机、电脑、可穿戴设备、智能家居设备和无人机等电子产品已被广泛使用并将逐步普及，这给人们的生活带来极大的便利。然而，这些产品续航能力不足的问题也渐渐地凸显出来。以低功耗设计为优化目标的产品是当今绿色智能电子设备发展的必由之路。

智能电子设备中最重要的组成部分是处理器和存储器。这两部分通常也是功耗开销的主要部分。随着半导体工艺的进步，处理器的运行速度越来越快，而主存的访问速度则相对缓慢，它们之间的性能差距逐渐增大，“存储墙”问题也日益严峻，片上缓存能在一定程度上缓解访问速度不匹配的问题，因此被广泛地使用在各种计算设备上。传统的片上缓存通常采用 SRAM 架构，因为它有访问速度快和使用寿命长等优点。然而，随着半导体特征尺寸的进一步降低，基于传统 CMOS 工艺的 SRAM 片上缓存的漏电功耗（静态功耗）将急剧增加，并逐渐占据主导地位。对于大容量的缓存，SRAM 存储单元将耗费大量的芯片面积。基于 SRAM 设计的片上缓存已经无法满足现代计算设备对低功耗和高性能的要求。

新型非易失性存储器（NVM）的出现为计算机存储技术提供了新的解决方案。NVM 很有希望替代传统存储技术，因为它具有漏电功耗低、存储密度高和非易失性等优良特点。为了充分利用 NVM 的这些优点，近年来有研究者提出使用 NVM 技术架构片上缓存。然而，新型存储器件的制造工艺和设计原理与 SRAM 不同，NVM 通常都有相同的缺点，即写操作的功耗相对较高、写操作的延迟相对较长和存储单元的写寿命有限等。传统的缓存优化方法已不适应新技术的发展。那么运用新型非易失性存储技术架构片上缓存，需要在尽可能利用 NVM 优点的同时克服其写操作代价大的问题。

本书从存储体系结构的角度出发，分别采用分区技术、反馈学习、磨损均衡技术、数据分配技术、周期性学习和编译技术等方法优化系统的功耗。全书共 9 章，各章的主要内容组织如下。

第 1 章为绪论。首先，介绍传统缓存技术和新型非易失性存储技术的研究背景。然后，从功耗的角度讨论国内外相关领域的研究现状。最后，详细地介绍本书的主要研究内容和创新点，以及全书章节的组织结构。

第 2 章讨论缓存技术的研究现状。首先，介绍传统缓存技术的静态功耗和动态功耗优化方法。然后，重点讨论新型缓存技术的研究现状。

第 3 章讨论基于分区技术的缓存功耗优化。首先，讨论现有缓存存在功耗优化的不足。其次，分析缓存分区技术和消除死写块的潜在好处，并以此为研究动机提出相应的方法。再次，详细地介绍复用局部性感知的缓存分区方法。最后，给出实验评估方法及所提方法的实验效果。

第 4 章讨论基于反馈学习的非易失性缓存功耗优化。首先，讨论 STT-RAM 架构缓存尚存在的问题。其次，通过例子分析了死写终止的好处，并以此为研究动机提出相应的方法。再次，详细地介绍基于反馈学习的死写终止方法。最后，给出实验评估方法及所提方法的实验效果。

第 5 章讨论基于磨损均衡技术的非易失性缓存功耗优化。首先，讨论非易失性缓存及现有优化方法尚存在的问题。其次，通过实验分析缓存组内组间的写操作压力，并以此为研究动机提出相应的方法。再次，详细介绍磨损均衡技术指导缓存数据分配。最后，给出评估所提方法的实验效果。

第 6 章讨论基于数据分配技术的混合缓存优化方法。首先，讨论混合缓存及现有优化方法尚存在的问题。其次，通过实验分析混合缓存的动态功耗和写操作问题，并以此为研究动机提出相应的方法。再次，详细地介绍缓存访问的统计行为指导数据分配。最后，给出评估所提方法的实验效果。

第 7 章讨论基于周期性学习的多级非易失性缓存功耗优化。首先，讨论多级 STT-RAM 缓存及现有优化方法尚存在的问题，分析多级 STT-RAM 缓存优化数据分配的好处，并以此为研究动机提出相应的方法。其次，形式化定义多级 STT-RAM 缓存功耗优化问题，同时给出了贪心算法的解决思路。再次，介绍离线分析缓存访问行为，并通过周期性学习这些行为来指导缓存数据分配。最后，给出评估所提方法的实验效果。

第 8 章讨论基于编译技术的 PCM 功耗优化。首先，讨论 PCM 及其现有优化方法存在的问题。其次，通过探索 MLC PCM 的写延迟和数据保留时间之间的关系，以分析写指令适合的写模式，并以此为研究动机提出相应的方法。再次，详细地介绍编译技术指导的双重写方法，包括构造控制流程图、存储器地址分析、定义可达性分析、最坏情形生命期分析和代码注入。最后，给出评估所提方法的实验效果。

第 9 章总结本书的主要研究工作，展望后续的研究工作。

本书是武汉大学计算机学院众多科研人员多年学习、研究和工程实践沉淀的成果总结。参与相关研究的人员包括吴伟、陈勇、徐超、江南、喻涛、张军、陈木朝、汪吕蒙、孙发军、吴炳廉、刘子俊、闫国昌、唐洪峰、张晓瞳、刘瑞、沈云飞、周一泓等。本书第 8 章主要由李清安参与撰写，其余章节主要由沈凡凡参与撰写。何炎祥具体规划和设计全书的内容，并对全书进行统稿，李清安对本书的初稿提出很多建设性意见。在此，对他们的积极参与和热心帮助表示衷心的感谢。

本书是专门针对缓存存储体系结构研究的学术著作，对相关领域的研究人员具有一定的借鉴意义和参考价值。本书的出版得到国家自然科学基金青年科学基金“基于编译的 PCM 内存损耗均衡方法研究”（项目编号：61502346）、国家自然科学基金青年科学基金“面向众核处理器的非易失性缓存低功耗技术的研究”（项目编号：61402145）、国家自然科学基金“基于线程调度的通用图形处理器性能优化方法研究”（项目编号：61662002）、国家自然科学基金“基于编译的嵌入式软件可靠性加强方法研究”（项目编号：61640220）、湖北省自然科学基金青年基金“面向嵌入式片上存储的低功耗编译优化方法”（项目编号：2015CFB338）、安徽省自然科学基金青年基金“基于 NVM 的高性能低功耗缓存系统研究”（项目编号：1508085QF138）、南京审计大学人才引进项目资助，以及江西省教育厅科技项目“通用图形处理器线程调度优化方法研究”（项目编号：GJJ150605）等项目的资助，在此一并表示感谢。

缓存技术及其应用是当前处于科学前沿的研究课题之一，相关的理论和技术还在发展中，许多新的思想、理论和方法还需要进一步完善和验证。限于作者的水平和经验，书中不妥之处在所难免，恳请读者批评指正，共同推进缓存技术研究的进步和发展。

何涛祥

2017 年 10 月于武汉

目　录

第 1 章　绪　　论

本章首先介绍研究背景和存储技术的发展形势，讨论国内外相关领域的研究现状，然后总结全书的主要工作和创新点，最后介绍全书的组织结构。

1.1　研究背景

随着半导体工艺和集成电路技术的飞速发展，处理器主频因功耗问题无法进一步提升，研究者逐渐转向多核心处理器设计。多核技术的日趋成熟使计算机系统性能大幅度提升。为了平衡核心数增加带来的数据访问压力，需要容量更大的片上缓存，其缓存功耗也随之上升，逐步成为处理器功耗预算中的重要部分。当前计算机存储架构中大多采用传统存储技术，如 SRAM、DRAM 和 Flash 技术等，它们已经无法适应集成电路技术的新发展。近年来，新型非易失性存储器（non-volatile memory，NVM）得到学术界和工业界的高度关注，NVM 技术为计算机存储架构提供了新的解决方案。研究者提出使用 NVM 存储技术取代传统存储技术，以适应新工艺和新技术的发展。

1.1.1　传统缓存技术所面临的问题

近四五十年来，随着半导体工艺技术的提高和计算机体系结构的优化，多线程并行计算技术的广泛应用，现代集成电路技术的迅猛发展，处理器的性能得到飞跃式的提升。图 1.1 展示了处理器近 35 年的发展趋势，处理器的评价指标包括单位面积的晶体管数量(即集成度)、CPU 的性能、CPU 的时钟频率、CPU 的功耗和 CPU 的核心数目[1]。可以看出，直到 2005 年，CPU 的集成度越来越高，性能、时钟频率和功耗等均逐渐上升，提升的主要原因是晶体管的工艺尺寸(technology node)在逐渐缩小。这有多个好处：一是芯片可以增加更多的功能；二是根据摩尔定律[2]，芯片集成度的提升将大大降低产品的成本。另外，从理论上说，晶体管缩小可以降低单个晶体管的功耗，因为工艺缩小原理要求降低芯片的整体供电电压，进而降低功耗。然而，实际上并非如此，从物理原理上讲，单位面积的功耗并不会降低，因此功耗随着集成度的提高而提高。温度过高会影响芯片的性能，甚至影响其正常工作。因此，在 2005 年以后，CPU 的时钟频率不再增长，性能的提升逐渐转向多核架构(图 1.1)。“功耗墙”问题减缓了处理器发展的速度。事实上，功耗问题在当今移动设备和大数据计算中心等领域都是一个非常重要的问题，逐渐成为制约处理器发展的瓶颈。

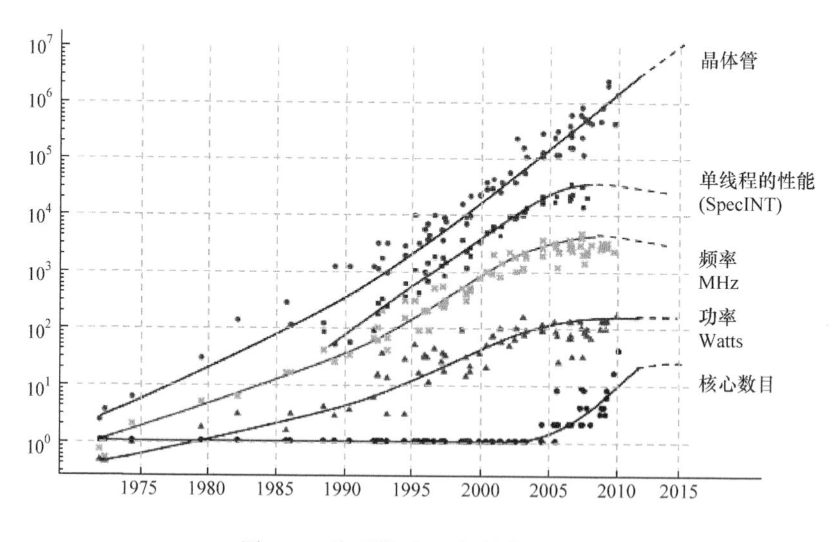

图 1.1　处理器近 35 年的发展趋势

功耗的增大将影响处理器的散热、封装及稳定性，处理器和应用程序的设计和维护成本也会相应的增加，这一因素限制了处理器性能的进一步提高。通过分析处理器的体系结构可知,高性能的处理器高度依赖片上缓存(on-chip cache)。在处理器结构中,缓存占据大部分芯片面积,同时消耗了大量的功耗,占处理器功耗的30%～60%[3,4]。随着处理器负载的增加,缓存的功耗还会进一步上升。

现代计算机系统通常采用SRAM架构片上缓存,因为SRAM具有良好的读写性能,同时它的使用寿命长达10^{18},特别适合用于靠近CPU的片上存储部分,如一级、二级和三级高速缓存。然而,SRAM存储单元是CMOS工艺制成的,其单元大小在120～200F^2[5],因此其存储密度较低。随着半导体工艺尺寸的进一步缩小,基于传统CMOS工艺的SRAM所消耗的漏电功耗(静态功耗)会急剧增加,占据的比例逐步上升并成为主导因素。对于大容量缓存,它消耗的功耗更为严重,例如Intel Haswell-EP Xeon E5-2699 v3系列处理器的缓存大小为45MB,其平均功耗为145W[6]。

由此可见,基于SRAM的传统缓存技术存在存储密度不够高,漏电功耗相对较大的问题,因此不能适应半导体技术的发展趋势。优化缓存功耗问题成为当前处理器技术的重要研究方向。

1.1.2 新型非易失性存储技术带来的机遇

为了解决传统存储技术的不足,研究者探索了许多新型非易失性存储技术,新型NVM最有潜力取代传统存储技术。因为NVM具有访问速度快、漏电功耗低、集成度高和非易失性等优点。当前比较典型的NVM有自旋转移力矩存储器(spin-transfer torque RAM, STT-RAM)[7,8]、相变存储器(phase change memory,PCM)[9]、阻变存储器(resistive RAM, RRAM)[10]和赛道存储器(domain-wall memory或racetrack memory,DWM)[11,12]等。随着技术的革新和快速发展,这些技术已逐步从产品原型阶段走向产品产业化阶段。例如,SAMSUNG公司研制的512MB PCM存储芯片已经在手机存储卡中使用,它使用

65nm 工艺；Micron 公司研发的 1GB 容量的 PCM 芯片用于 LPDDR2 中，它使用 45nm 工艺；Everspin Technologies 公司推出第一款 64MB 的 STT-RAM 商业产品用于 DDR3 中。

STT-RAM[7,8]使用磁性隧道结(magnetic tunnel junction，MTJ)存储数据位，每个 MTJ 单元被隧道栅栏层(MgO)分为参考层和自由层。参考层的方向固定，MTJ 单元的数据值是由自由层的方向变换决定的。如果两层同方向时，MTJ 存储的数据为 0；如果两层互为反方向时，MTJ 中存储的数据为 1。图 1.2 显示了 STT-RAM 存储单元 MTJ 的结构[8]。由于 MTJ 材料自身属性的特点，一次小电流就可以读取 MTJ 的数据；写入数据到 MTJ 单元则需要一次大电流，用于转换磁极状态，因此一次写操作的延迟较长，并且写功耗也偏大。与 PCM 和 RRAM 相比，它拥有更长的寿命，几乎接近 SRAM。因此，STT-RAM 最适合架构访问频繁的片上缓存。

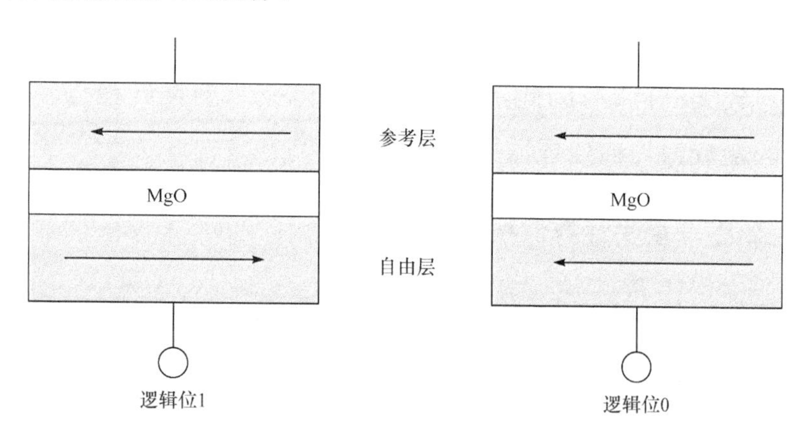

图 1.2　STT-RAM 存储单元 MTJ 的结构

PCM[9]存储器是用硫族化合物材料制成的。该材料包含结晶状态和非结晶状态，温度的变化将影响这两种状态的转换，结晶状态时存储数据 1，非结晶状态时存储数据 0。它的写 1 操作是一个结晶的过程，需要一个较长时间的电脉冲进行加热，当温度达到结晶温度以上和熔化温度以下时，就形成结晶；反之，写 0 的过程是使用作用时间短和强度高的电脉冲，使该材料迅速上升到熔点并立刻释放热量熔化，这就形成非结晶状态。这一过程决定了PCM的写操作速度和功耗。PCM的读操作则相对较快，只需要较小的电流。考虑PCM材料的特有属性，PCM存储器具有存储密度高、功耗低、工艺尺寸小和非易失性等特点，适合架构主存[13,14]。

RRAM[10]通常由一个电阻器和晶体管组成，利用元器件的电阻转变特性来存储数据。电阻转变存储技术采用双极性电阻转变和单极性电阻转变两种模式。如果给阻变存储器RRAM施加高电压，那么电阻层发生电阻转换，从而形成低阻态和高阻态。低阻态存储数据1，高阻态存储数据0。RRAM具有读速度快、漏电功耗低、存储密度高和非破坏性存取等特点。

DWM[11]是通过控制畴壁在磁性纳米线上的移动来实现的。一段旋转一致的电流沿着纳米线移动磁畴，当磁畴经过纳米线时，就可以存储或修改数据位。每个磁畴可以存储一位数据，一个存储单元包含多个磁畴，因此一个存储单元即可存储多个数据位。因为这个特性，DWM具有存储密度高、价格低廉和超低功耗等特点，优于目前市面上的闪存[15]和固态硬盘。

为了深入了解新型NVM架构的特性，图1.3首先对比SRAM、STT-RAM、PCM、RRAM和DWM等存储技术的读写延迟和功耗情况[11]。然后，表1.1详细展示和对比了上述几种存储技术的工艺尺寸、容量、读写速度、耐受性（寿命）和优缺点等指标。可以看出，与SRAM相比，NVM具有存储密度大、非易失性、静态功耗低和可扩展性强等优点。当然也有不足，写延迟和写功耗均比SRAM高，这给新型NVM的大规模应用带来挑战。与SRAM相比，新型非易失性存储器具有如下优点。

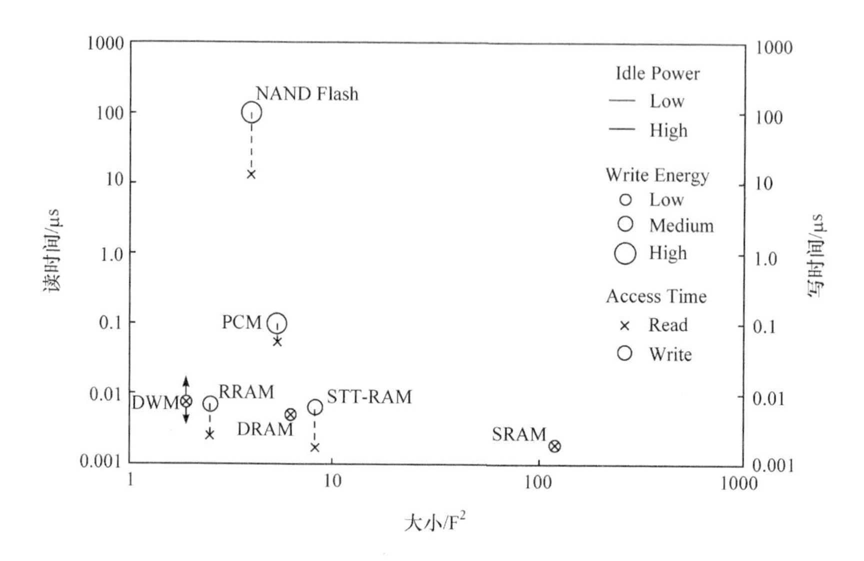

图 1.3　不同存储技术的对比

表 1.1　不同存储器件的特点对比

标准	SRAM[5]	STT-RAM[5]	PCM[9,16]	RRAM[17]	DWM[11,18,19]
技术成熟度	产品	产品	产品	原型	研究
工艺尺寸/nm	32	32	5	11	15
单元大小/F^2	120～200	6～50	4～12	4～10	1～4
容量/MB	～32	～64	$\sim 8\times 10^3$	$\sim 10^6$	$\sim 10^6$
读/写速度	非常快	快/慢	慢/非常慢	快/慢	快/慢
耐受性	10^{16}	10^{15}	10^9	10^8	10^{16}
非易失性	无	有	有	有	有
漏电功耗	高	低	低	低	低
读/写动态功耗	低	低/高	中/高	低/高	低/高
数据保留时间	长	长	长	长	长
优点	访问速度快	非易失 漏电功耗低 扩展性好	非易失 漏电功耗低 存储密度高	非易失 漏电功耗低 存储密度高	非易失 漏电功耗低 存储密度高
缺点	存储密度低 漏电功耗高	写延迟高 写功耗高 稳定性弱	访问速度慢 耐受性小	耐受性小 写功耗高 稳定性弱	写功耗高
适用性	缓存	缓存	主存	主存	闪存

① 在存储密度方面，新型 NVM 具有更高的存储密度。也就是说，与相同芯片面积的传统存储器对比，新型 NVM 可存储更多的数据。例如，RRAM 和 DWM 的存储容量可以达到 TB 级别。

② 在漏电功耗方面，新型 NVM 具有极低的漏电功耗，特别适合大容量的存储器，可以大幅度减少存储系统的功耗，从而降低系统的整体功耗。

③ 新型 NVM 和传统存储器件相比，具有非易失性的特点，NVM 可以长期保存数据，即使系统掉电，NVM 保存的数据也不会丢失。

④ 新型 NVM 的可扩展性强，可以根据需求定制存储器的架构。例如，在设计 STT-RAM 存储器的时候，可以释放它的非易失性来优化写功耗和写延迟。由此可见，新型 NVM 的灵活性更高。

综上所述，新型非易失性存储技术表现出的优良特性为当今存储体系结构的进一步发展带来机遇，有潜力取代发展遇上瓶颈的传统存储技术。

1.1.3 新型非易失性存储技术面临的挑战及解决方案

近年来，研究者普遍认为新型 NVM 技术很有希望取代已经发展成熟的传统存储技术，如 SRAM 和 DRAM 等。然而，新型非易失性存储技术由于自身的特点具有如下缺点。

① 新型 NVM 的读写操作是不对称的，写延迟比读延迟长，这造成了读写不均衡的问题，同时写延迟高于传统存储器。

② 在动态功耗方面，新型 NVM 的写操作功耗非常高，这是由新型 NVM 存储材料和原理决定的。

③ 从耐受性方面考虑，PCM 和 RRAM 具有写耐受性差的缺点，写的次数有限，影响了存储器件的使用寿命。STT-RAM 和 DWM 的写耐受性接近传统存储器件。

从表 1.1 可以看出，新型 NVM 在存储子系统各个层次中都有应用，如在缓存、主存和外存等存储架构中使用，然而从新型 NVM 各自的特点和存储层次结构的访问需求不同考虑，STT-RAM 最适合架构缓存，因为缓存是 CPU 访问最频繁的，对读写速度和次数都有要求，STT-RAM 的写耐受性高，故适合做缓存；PCM 虽然也有用于架构缓存和外存方面的研究，但是它最适合于设计主存，因为主存可以容忍 PCM 的高访问延迟和写耐受性，然而它的高存储密度可以弥补它的不足；RRAM 应用于缓存架构，它和 PCM 一样存在写次数有限，但比 PCM 容量大，访问速度快，也适合做主存；DWM 存储技术尚未成熟，还属于研究阶段，有研究者将其应用于缓存架构，由于它具有显著的优点，存储容量非常大，写的次数接近 DRAM，故它是替代闪存和固态硬盘最理想的存储技术。

因此，NVM 完全取代传统存储器件仍有许多挑战性的工作亟须解决。

第一，新型 NVM 自身的特有属性问题。例如，RRAM 和 PCM 具有写耐受性差的缺点，写的次数有限，影响存储器件的使用寿命。STT-RAM 和 DWM 的写耐受性接近传统存储器件。在动态功耗方面，NVM 的写操作功耗非常高，这是 NVM 的存储材料和设计原理决定的。同时，NVM 的读写操作是不对称的，写延迟比读延迟长，这造成读写不均衡的问题，另外 NVM 的写延迟大于传统存储器。这些缺点都阻碍着 NVM 在计算机存储系统中的广泛应用。

第二，新型 NVM 的管理和架构方法。由于新型存储器件自身的属性问题，不能直接用 NVM 架构存储器子系统，因为传统的存储系统中的管理方法已不适用，需要专门针对 NVM 的特点设计和优化相应的方法，充分利用 NVM 的优点并避免其缺点，以提高计算机系统性能和降低功耗[20]。

第三，新型 NVM 的引入会带来一些新的问题。一些意想不到的问题会在研究过程中不断涌现[21]，因此合理运用新型非易失性存储器架构计算机存储子系统是一个非常有挑战和值得深入研究的问题。

面对NVM存在的挑战，研究者提出多种优化方案，从缓存的优化目标看，主流优化方法可以归纳为节约功耗、提高性能和延长缓存的寿命等三方面。为了迎接这个挑战，通过分析发现，文献[8]，[22]～[25]考虑从缓存位级出发，采用先读后写的机制，尽量避免写入不必要的位，从而减少NVM上的写操作。文献[26]～[28]分别从访问级考虑缓存的访问行为，改变缓存数据的分配方式，减少或迁移NVM上的写操作。文献[17]，[29]～[34]等将SRAM和STT-RAM组合在一起，充分利用SRAM的写速度快及STT-RAM的读取速度快、漏电功耗低和存储密度高等优点，相互弥补各自的不足，减少对NVM存储单元的写操作。研究者均使用减少NVM上的写操作来降低功耗的思路，从而达到减少动态功耗的目的。

1.2　目标和内容

随着现代处理器工艺的提升和进步，片上缓存在处理器设计中扮演着重要的角色，然而片上缓存的功耗问题逐渐成为制约处理器性能提升的瓶颈。研究者针对传统缓存的功耗问题做了大量的探索性工作，这些方法的适应性通常较差或者会损失系统性能。NVM技术的迅猛发展为存储技术领域带来新的机遇。然而，新型NVM技术的广泛应用面临写操作功耗高和写操作时间较长的问题，研究者探索了多种途径优化NVM的不足之处，但是效果仍然有限。面对这些情况，本书的主要研究工作是分析缓存的访问行为，然后从体系结构级优化缓存的功耗，同时保持甚至提升系统的性能。体系结构级的功耗优化方式对芯片工艺的升级有较强的适应性和灵活性，能够满足不同特征的应用程序对功耗和性能的要求。图1.4展示了本书的研究内容及技术路线，片上缓存的功耗包括静态功耗和动态功耗。本书首先优化传统缓存的静态功耗，然后优化 NVM 缓存的动态功耗，详细的内容和创新点概述如下。

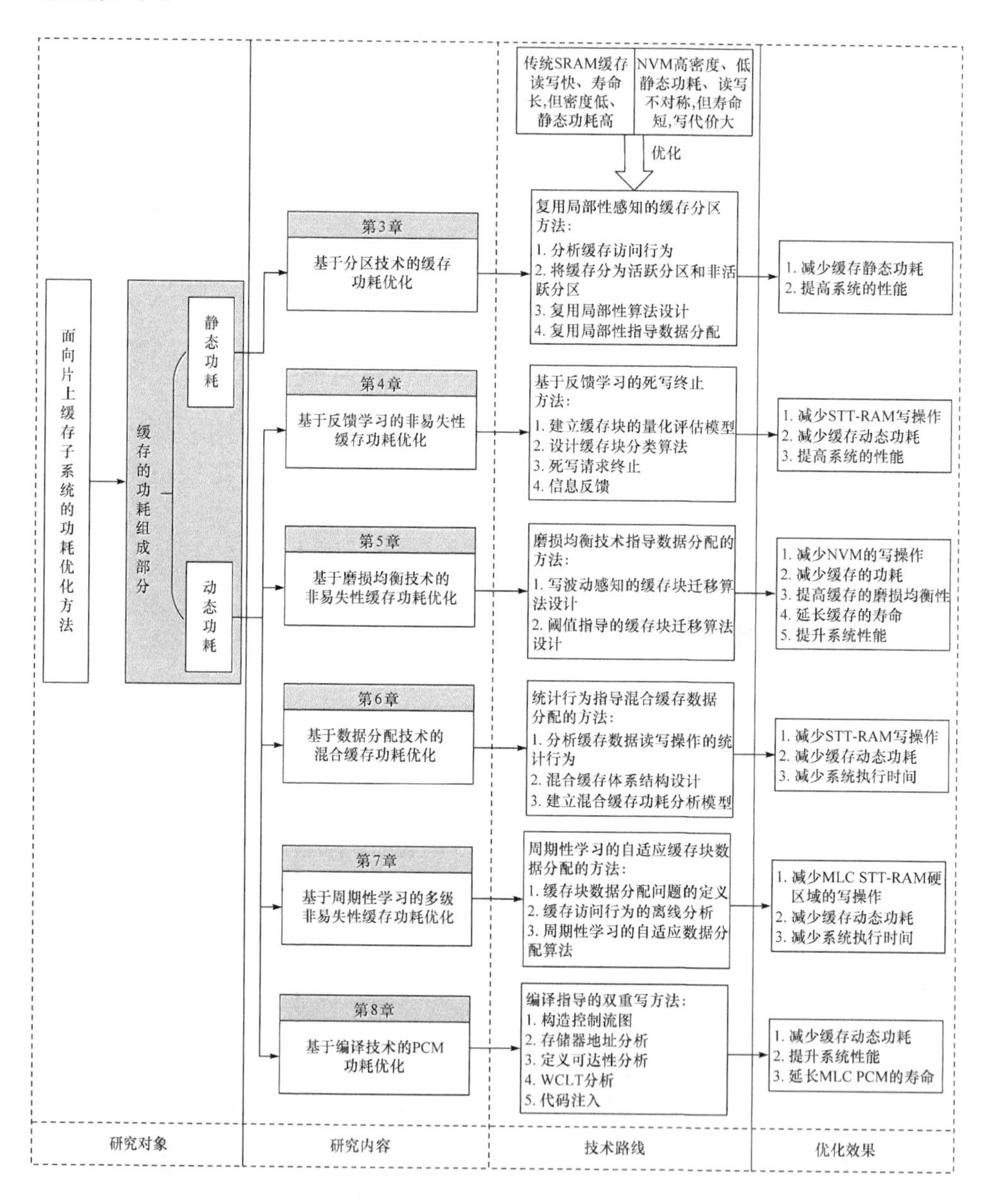

图 1.4　研究内容及技术路线

1.2.1　基于分区技术的缓存功耗优化方法

缓存分区技术是提升缓存管理机制中最有潜力的技术。为了探索和利用该技术的优势，近年来研究者提出专注于性能提升的方法，或者专注于降低功耗的方法，这些方法仅适用于特定领域，且因为优化目标单一而损失系统性能，使用效果受到限制。针对这个问题，本书提出一种复用局部性感知的缓存分区方法来将高局部性的缓存块保留在缓存中。首先，根据应用程序对缓存数据的访问行为，将缓存分为活跃区域和非活跃区域，活跃区域存储复用局部性高的缓存块，而非活跃区域可以通过门控技术关闭以节约功耗。然后，提出复用局部性算法管理缓存，高复用局部性的缓存块将被保留下来。最后，设计通过复用局部性指导缓存数据分配的方法，尽量使数据对象分配到最合适的位置，从而降低缓存的功耗并提升系统的整体性能。实验评估结果表明，在单线程工作负载、多道程序工作负载和多线程工作负载等情形下，本书提出的方法能够以尽可能小的缓存分区保留高复用局部性缓存块，从而降低缓存的功耗并提升系统性能。

1.2.2　基于反馈学习的非易失性缓存功耗优化方法

近年来，工业界和学术界的研究者广泛探索了使用STT-RAM架构缓存，特别是大容量缓存，是最有潜力替代传统缓存技术SRAM的。然而，STT-RAM有写功耗高和写延迟长的缺点，这阻碍了其应用。通过观察最后一级缓存中的数据，发现存在大量的缓存数据从写入缓存到被替换出去再也未被访问过，这类数据块被称为死写(dead write)缓存块，可以被清除掉而不会引起缓存访问的缺失。根据这个发现，本书提出一种基于反馈学习的死写终止方法，能根据缓存的访问行为以量化的方式鉴别写请求特征。首先，通过数据复用距离和数据访问频率两个指标记录缓存块的访问行为。然后，建立缓存块的量化评估模型，设计缓存块分类算法，将缓存块分为活块和死块(dead blocks)。最后，根据分类信息，如果缓存的写请求是死写，那么本次请求终止，并且对应的信息会反馈给评估模型。实验评估结果表明，本书提出的方法能够显著的减少最后一级缓存中的死写块，从而大幅度降低缓存功耗并进一步提高缓存的性能。

1.2.3　基于磨损均衡技术的非易失性缓存功耗优化方法

随着半导体工艺的发展，处理器集成的片上缓存越来越大，传统存储器面临的存储密度低和漏电功耗高等问题日益严峻。近年来，新型非易失性存储技术得到研究者的广泛关注，因为它拥有漏电功耗低、可扩展性强和存储密度高等优点，是最有潜力构建大容量缓存的新技术。然而，非易失性存储器有写功耗高、写延迟长和写操作次数有限等不足，作为缓存将限制其寿命。同时，缓存上的写操作是非均匀分布的，存在缓存组间和组内的写波动，这一访问特点将导致缓存的每部分磨损不均衡，现有的缓存管理策略不能感知缓存的写波动。为解决这一问题，本书提出一种用SRAM辅助新型非易失性缓存，通过磨损均衡技术指导数据分配的方法。重点关注写波动大的缓存组和写强度高的缓存单元，着力减少这部分缓存单元的写压力。首先，设计写波动感知的缓存块迁移(block-migration，BM)算法，能感知缓存组间写波动并迁移写强度大的缓存组，用于减少缓存组间的写压力。然后，设计阈值指导的缓存块迁移算法，用于迁移缓存组内写局部性高的缓存块来减少组内写压力。最后，实验评估结果表明，本书提出的方法能够减少非易失性存储器中的大量写操作，从而减少缓存功耗并提升缓存的寿命。

1.2.4　基于数据分配技术的混合缓存功耗优化方法

片上缓存能够有效的缓解处理器和主存之间速度不匹配的问题，现代处理器设计都广泛使用片上缓存。与此同时，片上缓存被频繁访问,是处理器中重要的耗能部件。近年来研究者提出采用SRAM和STT-RAM的混合缓存架构方式,以充分利用SRAM的写性能和STT-RAM的低功耗和高存储密度等优点。然而,现有的混合缓存优化方法通常采用迁移机制动态地将写频繁的缓存块从STT-RAM迁移到SRAM,从而减少STT-RAM上的写操作。但是,迁移机制通常会带来迁移开销,并且缓存块在迁移前通常已经被访问多次,这些功耗和性能开销也不容忽视。针对这个问题,本书提出一种通过缓存访问的统计行为指导混合缓存数据分配的方法。首先,根据缓存数据读写操作统计行为评估缓存块的访问特征。然后,记录这些特征并设计混合缓存的体系结构。最后,建立混合缓存功耗的理论分析模型,通过使用该模型指导缓存数据的分配与放置操作。实验评估结果表明,本书提出的方法能够准确地将缓存数据以低功耗的方式分配到合理的位置,从而更好地减少缓存的动态功耗并减少系统的执行时间。

1.2.5　基于周期性学习的多级非易失性缓存功耗优化

多级(multi-level cell,MLC)STT-RAM缓存因存储容量大而逐渐被用于架构最后一级缓存,取代传统存储技术SRAM。然而,由于MLC存储单元设计的约束,MLC STT-RAM具有写功耗高和写延迟长等缺点。为了探索和充分利用MLC STT-RAM的优势,本书提出一种周期性学习的自适应缓存数据分配方法。首先,形式化缓存数据分配问题,并给出采用贪心算法的解决思路。然后,通过周期性学习的方法分析和收集缓存访问行为数据。最后,根据收集到的行为信息设计数据分配算法,指导缓存数据的分配。实验评估结果表明,本书提出的方法能够减少MLC STT-RAM缓存的动态功耗和系统执行时间。

1.2.6　基于编译技术的PCM功耗优化

微控制器单元(micro-controller units,MCUs)广泛用于普适计算

设备。由于设计成本紧张和功耗限制，MCUs 片上通常集成有非常有限的 RAM 存储器，外接闪存(flash)，这将导致闪存的写操作特别频繁，因此导致系统的生命期过短。在 MCUs 中，架构新型相变存储器(phase change memory，PCM)是一种非常有效的方法，因为 PCM 有较好的读取速度和写寿命。然而，PCM，特别是多级 PCM，具有写延迟长和写功耗大的问题，这些不利因素影响其替代传统闪存的好处。通过学习 MLC PCM 写操作的特点，我们发现 MLC PCM 的写操作可以利用两种写模式的优点：存储单元处于易失状态时采用快写模式(fast write)，存储单元处于非易失状态时采用慢写模式(slow write)。基于这个观察结论，本书提出一种编译指导的双重写(compiler directed dual-write，CDDW)方法，CDDW 为每一次写操作选择最佳的写操作模式，以最大化系统能效和性能。首先，通过探索 MLC PCM 的写延迟和数据保留时间之间的关系，以分析写指令适合的写模式。然后，采用编译技术确定 PCM 中写指令适合的写模式，包括构造控制流程图、存储器地址分析、定义可达性分析、最坏情形生命期(worst case lifetime，WCLT)分析和代码注入。最后，实验评估结果表明，与一个全部是快(慢)写操作的方法对比，本书提出的方法能大幅度减少系统的动态功耗，同时能提升系统的性能，MLC PCM 的寿命也得到了较好的提升。

1.3　组织结构

本书第 2 章从传统缓存技术和新型缓存技术两方面讨论缓存技术的研究现状。第 3 章介绍基于分区技术的缓存功耗优化，重点减少缓存的静态功耗。第 4 章介绍基于反馈学习的非易失性缓存功耗优化，构建缓存行为分析模型，以最大限度减少缓存中的死写操作，从而减少系统的动态功耗。第 5 章介绍基于磨损均衡技术的非易失性缓存功耗优化，通过分析缓存组内组间的写操作压力，着力减少和转移存储单元中写操作过大的缓存块，减少系统的功耗。第6章介绍基于数据分配技术的混合缓存优化方法，通过缓存访问的统计行为指导缓存数据分配，优化混合缓存数据分配。第7章介绍基于周期性学习的多级非易失性缓存功耗优化，通过离线分析缓存访问行为，并以此为基准，周期性学习这些行为来指导缓存数据分配，能减少MLC STT-RAM缓存的功耗。第8章介绍基于编译技术的PCM功耗优化，通过探索MLC PCM的写延迟和数据保留时间之间的关系。在此基础上，使用编译技术选择数据的写模式快写模式或慢写模式，能减少系统的动态功耗并提升系统的性能。第9章总结全书研究工作，并展望后续研究工作。

1.4 本章小结

缓存技术是计算机存储体系结构中的重要组成部分，针对缓存的研究内容非常丰富。本章首先介绍缓存技术的研究背景及意义。然后，介绍本书的主要研究目标和研究内容。最后，对全书的组织结构进行了简要的介绍。

参考文献

[1] Naffziger S. Technology impacts from the new wave of architectures for media-rich workloads[C]//2011 Symposium on IEEE VLSI Technology(VLSIT). Piscataway NJ: IEEE, 2011: 6-10.

[2] Moore G E. Cramming more components onto integrated circuits[J]. Proceedings of the IEEE, 1998, 86(1): 82-85.

[3] Panda P R, Dutt N D, Nicolau A. Memory Issues in Embedded Systems-on-Chip: Optimizations and Exploration[M]. New York: Springer, 1999.

[4] Segars S. Low power design techniques for microprocessors[C]//IEEE International Solid-State Circuits Conference(ISSCC). Piscataway NJ: IEEE, 2001.

[5] Chang M, Rosenfeld P, Lu S, et al. Technology comparison for large last-level caches(L3Cs):

low-leakage SRAM, low write-energy STT-RAM, and refresh-optimized eDRAM[C]//Proceedings of the 19th International Symposium on High Performance Computer Architecture (HPCA2013). Piscataway NJ: IEEE, 2013: 143-154.

[6] Intel. Intel[EB/OL]. http://ark. intel. com/products/81061/[2014-7-3].

[7] Smullen C, Mohan V, Nigam A, et al. Relaxing non-volatility for fast and energy-efficient STT-RAM caches[C]//Proceedings of 2011 IEEE 17th International Symposium on High Performance Computer Architecture(HPCA). Piscataway NJ: IEEE, 2011: 50-61.

[8] Zhou P, Zhao B. Yang J, et al. Energy reduction for STT-RAM using early write termination[C]//Proceedings of International Conference on Computer-Aided Design-Digest of Technical Papers. Piscataway NJ: IEEE, 2009: 264-268.

[9] Wu X X, Li J, Zhang L X, et al. Hybrid cache architecture with disparate memory technologies[C]//Proceedings of the 36th annual International Symposium on Computer Architecture(ISCA 2009). New York: ACM, 2009: 34-45.

[10] Li H, Chen Y R. An overview of non-volatile memory technology and the implication for tools and architectures[C]//Proceedings of the Conference on Design, Automation and Test in Europe. Bilgium: European Design and Automation Association, 2009: 731-736.

[11] Venkatesan R, Kozhikkottu V. Augustine C, et al. TapeCache: a high density, energy efficient cache based on domain wall memory[C]//Proceedings of the 2012 ACM/IEEE International Symposium on Low Power Electronics and Design(ISLPED 2012). New York: ACM, 2012: 185-190.

[12] 谷守珍. 面向非易失性存储器系统的任务调度与数据分配研究[D]. 重庆：重庆大学博士学位论文，2016.

[13] 蔡晓军. 基于非易失存储的高能效混合主存关键技术研究[D]. 济南：山东大学博士学位论文，2016.

[14] 孙广宇，舒继武，王鹏. 面向非易失内存的结构和系统级设计与优化综述[J]. 华东师范大学学报(自然科学版)，2014，(5)：72-81.

[15] 陆游游，舒继武. 闪存存储系统综述[J]. 计算机研究与发展，2013，(1)：49-59.

[16] Chen Y T, Cong J, Huang H, et al. Dynamically reconfigurable hybrid cache: An energy-efficient last-level cache design[C]//Proceedings of the Conference on Design, Automation and Test in Europe. Bilgium: European Design and Automation Association, 2012: 12-16.

[17] Li Y, Chen Y R, Jones A. A software approach for combating asymmetries of non-volatile

memories[C]//Proceedings of the 2012 ACM/IEEE International Symposium on Low Power Electronics and Design(ISLPED 2012). New York:ACM,2012:191-196.

[18] Kryder M,Chang S. After hard drives-what comes next[J]. IEEE Transactions on Magnetics,2009,10(45):3406-3413.

[19] Zhao W,Zhang Y,Trinh H,et al. Magnetic domain-wall racetrack memory for high density and fast data storage[C]//Proceedings of 2012 IEEE 11th International Conference on Solid-State and Integrated Circuit Technology(ICSICT). Piscataway NJ:IEEE,2012:1-4.

[20] 潘巍,李战怀,杜洪涛,等. 新型非易失存储环境下事务型数据管理技术研究[J]. 软件学报,2017,(1):59-83.

[21] 沈志荣,薛巍,舒继武. 新型非易失存储研究[J]. 计算机研究与发展,2014,51(2):445-453.

[22] Jung J,Nakata Y,Yoshimoto M,et al. Energy-efficient Spin-Transfer Torque RAM cache exploiting additional all-zero-data flags[C]//Proceedings of 2013 14th International Symposium on Quality Electronic Design(ISQED). Piscataway NJ:IEEE,2013:216-222.

[23] Bishnoi R,Oboril F,Ebrahimi M,et al. Avoiding unnecessary write operations in STT-MRAM for low power implementation[C]//Proceedings of 2014 15th International Symposium on Quality Electronic Design(ISQED). Piscataway NJ:IEEE,2014:548-553.

[24] Strikos N,Kontorinis V,Dong X,et al. Low-current probabilistic writes for power-efficient-STT-RAM caches[C]//Proceedings of 2013 IEEE 31st International Conference on Computer Design(ICCD). Piscataway NJ:IEEE,2013:511-514.

[25] Ahn J,Choi K. Lower-bits cache for low power STT-RAM caches[C]//Proceedings of 2012 IEEE International Symposium on Circuits and Systems(ISCAS). Piscataway NJ:IEEE,2012:480-483.

[26] Rasquinha M,Choudhary D,Chatterjee S,et al. An energy efficient cache design using spin torque transfer(STT)RAM[C]//Proceedings of the 16th ACM/IEEE International Symposium on Low Power Electronics and Design. New York:ACM,2010:389-394.

[27] Ahn J,Yoo S,Choi K. Dasca:dead write prediction assisted stt-ram cache architecture[C]//2014 IEEE 20th International Symposium on High Performance Computer Architecture(HPCA). Piscataway NJ:IEEE,2014:25-36.

[28] Li Y,Jones A K. Cross-layer techniques for optimizing systems utilizing memories with asymmetric access characteristics[C]//Proceedings of 2012 IEEE Computer Society Annual Symposium on VLSI(ISVLSI). Piscataway NJ:IEEE,2012:404-409.

[29] Ahn J, Yoo S, Choi K. Selectively protecting error-correcting code for area-efficient and reliable STT-RAM caches[C]//Proceedings of 2013 18th Asia and South Pacific Design Automation Conference(ASP-DAC). Piscataway NJ: IEEE, 2013: 285-290.

[30] Chen Y T, Cong J, Huang H, et al. Static and dynamic co-optimizations for blocks mapping in hybrid caches[C]//Proceedings of the 2012 ACM/IEEE International Symposium on Low Power Electronics and Design. New York: ACM, 2012: 237-242.

[31] Jadidi A, Arjomand M, Sarbazi-Azad H. High-endurance and performance-efficient design of hybrid cache architectures through adaptive line replacement[C]//Proceedings of the 17th IEEE/ACM International Symposium on Low Power Electronics and Design. Piscataway NJ: IEEE, 2011: 79-84.

[32] Li Q A, Li J H, Shi L, et al. Compiler-assisted STT-RAM-based hybrid cache for energy efficient embedded systems[J]. IEEE Transactions on Very Large Scale Integration(VLSI) Systems, 2014, 22(8): 1829-1840.

[33] Wang Z, Jiménez D A, Xu C, et al. Adaptive placement and migration policy for an STT-RAM-based hybrid cache[C]//2014 IEEE 20th International Symposium on High Performance Computer Architecture(HPCA). Piscataway NJ: IEEE, 2014: 13-24.

[34] Wang J X, Tim Y, Wong W F, et al. A coherent hybrid SRAM and STT-RAM L1 cache architecture for shared memory multicores[C]//Proceedings of 2014 19th Asia and South Pacific Design Automation Conference(ASP-DAC). Piscataway NJ: IEEE, 2014: 610-615.

第 2 章　缓存技术的研究现状

功耗是现代处理器设计时需要重点考虑的因素，为降低片上缓存子系统的功耗，国内外研究者从多个角度探索了不同体系结构下如何降低计算机系统功耗的方法。针对片上缓存的相关研究工作可以分为两类：一是面向传统缓存技术的功耗优化方法；二是面向新型缓存技术的功耗优化方法。本章将从这两方面的研究现状分别进行分析和介绍。

2.1　传统缓存技术的研究现状

面向传统缓存技术的功耗优化工作很早就开始了，这方面的工作主要包括缓存的动态功耗和静态功耗（漏电功耗）的优化。动态功耗是由缓存的访问操作产生的，而静态功耗是缓存存储单元的物理特性决定的，不管它是否被访问或活跃与否，都会产生功耗。表 2.1 描述了传统缓存技术相关的功耗优化方法，下面讨论这些优化方法的具体细节。

表 2.1　传统缓存技术相关的功耗优化方法

优化目标	优化方法	参考文献
减少动态功耗	修改存储体系结构	[1]～[3]
减少动态功耗	软件语义和编译技术	[4][5]
减少动态功耗	低功耗的方式访问热数据	[6]
减少静态功耗	修改缓存控制电路	[7]～[9]
减少静态功耗	缓存分区技术	[10]～[12]
减少静态功耗	芯片温度感知的方法	[13][14]

2.1.1 减少缓存动态功耗的方法

目前已经有许多减少缓存动态功耗的方法，其主要思路大致可以归纳为以下几种方式：通过修改存储体系结构的方法减少某级缓存访问次数的方法[1,3]；通过使用软件或编译信息减少缓存路数（cache ways）访问次数的方法[4,5]；以低功耗的方式访问热数据来减少缓存的平均动态功耗[6]等。下面探讨这些方法使用的具体优化技术。

Kin 等[1]提出在一级缓存（L1）前添加一个小的过滤缓存。所有针对 L1 缓存数据的访问都将经过过滤缓存，这样可以减少 L1 的访问次数，从而节约动态功耗。这种方法的效果依赖于过滤缓存的大小，然而过大的过滤缓存需要额外的功耗和时间开销。

Powell 等[2]使用预测缓存路数的方法。对于每一次缓存访问，首先只访问一路，如果本次访问预测正确，那本次方法就像缓存直接映射，缓存的动态功耗减少了；相反，如果本次访问预测错误，所有缓存路数都将被访问，这样将会增加额外的访问时间和功耗。该方法依赖于预测的准确性。为解决这一问题，该方法进一步提出路数选择的技术。

Fang 等[4]提出在缓存设计中使用软件语义来节约动态功耗。对于数据缓存的功耗，该方法发现栈数据和堆数据访问的独立性，这样可以设置一个位用于区分它们，每当数据访问前，先通过这个位鉴别位置，从而避免访问缺失并减少功耗。对于指令缓存的功耗，该方法发现用户模式取指令不会命中内核模式的缓存行，那么对于用户模式的取指令，仅包含用户模式代码的缓存路数将被访问。

Jones 等[5]提出一种节约指令缓存功耗的方法。该方法使用编译器将频繁执行的指令放在二进制文件的前面，在运行时这些指令明确的映射到缓存中具体的路数，当取这些指令时，确定的路将被访问，这样可以节约缓存的动态功耗。

Yang 等[6]设计了一种频繁访问的数据缓存，将数据缓存分为两部分。对于频繁访问的缓存行，仅访问数据缓存的前部分；对于非频繁访问的缓存行，数据缓存的全部将被访问。更进一步，频繁访问的缓存行将以编码的形式存储，这会减少许多位的比较操作，从而节约功耗。

2.1.2　减少缓存静态功耗的方法

减少缓存静态功耗主要是通过减少晶体管漏电功耗实现的，主要的方法可以归纳为通过电路级的方法减少漏电功耗[7,9]、通过缓存分区技术减少静态功耗[10~12]、芯片温度的增加会影响缓存的静态功耗，因此一些方法提出优化静态功耗时需要考虑芯片的温度[13,14]等。下面探讨几种主要的优化方法。

Powell 等[7]首先提出使用门控技术重新配置缓存，然后关闭部分缓存组的能量供给。然后，Kaxiras 等[8]提出基于时间计数器策略的缓存行关闭方法。Flautner 等[9]讨论一种 drowsy-cache 的电路设计，该缓存设计使用两种电压供给方式(低电压和高电压)。为了减少 SRAM 单元的漏电功耗，该方法根据缓存的访问行为动态调整存储单元的电压供给方式。

在此基础上，一些研究者使用上述技术关闭缓存的路数，Kadjo 等[10]提出基于缓存块迁移的门控方法。他们将高时间局部性的缓存块从待关闭的缓存分区迁移到活跃分区(live portion)，然后关闭不活跃的缓存分区，这样可以减少功耗。

Sundararajan 等[11]提出将缓存块物理上对齐后再分区的方法。Kotera 等[11]提出分配不同的路数给每个处理器，然后再计算活跃的路数，不活跃的路数可以关闭以节约功耗。总之，缓存分区技术能在一定程度上减少静态功耗。然后，Ku 等[13]提出温度感知的静态功耗节约技术。该方法通过关闭间隔的缓存行来减少缓存活跃部分的功耗密度，可以能降低芯片的温度，从而降低静态功耗。

随着 CMOS 工艺技术的继续发展，现代处理器通常采用多核架构和更大的片上缓存来获取更高的系统性能。然而，处理器的发展逐渐接近“功耗墙”，进而被芯片的温度所限制。因此，管理和优化处理器的功耗显得尤为重要。

2.2 新型缓存技术的研究现状

根据前面的分析可知，新型 NVM 在漏电功耗、存储密度和可扩展性等方面优于传统存储器件。新型 NVM 的存储特性和参数指标均类似于传统存储器，因此研究者试图根据新型 NVM 的访问特性架构存储子系统，通过模拟和仿真的方式实现相应的优化策略。主要从多种角度解决新型 NVM 的写功耗高、写次数有限和写延迟大等问题。本节重点讨论新型 NVM 架构的缓存优化方法，首先对所有的缓存优化方法从整体上进行分类和总结，然后从细粒度分析四类新型 NVM 中各自的缓存优化方法。

2.2.1 缓存优化方法分类与总结

通过对新型 NVM 的缓存优化方法探索，从整体来看，表 2.2 分类和总结当前主流的研究方法，主要从四类新型存储技术在缓存中的应用、在缓存中使用的层次结构（一级、二级或最后一级缓存）、混合缓存架构方法、缓存优化的目标（节省能耗、提高性能、延长使用寿命和增强可靠性）及在 CPU 和 GPU 中的使用等多个角度进行总结。从表 2.2 文献引用可以看出，研究者重点集中在研究使用 STT-RAM 或混合的方式架构缓存，主要在 CPU 及其中间或最后一级缓存（last level cache，LLC）中使用，新型 NVM 不适合架构读写频繁的一级缓存，缓存优化方法追求的主要目标是降低功耗和提升性能。其他的研究者在探索另外三种新型存储技术在缓存中的应用，给出了自己的见解和优化方法。

近年来,研究者开始关注新型存储技术在 GPU 缓存中应用,使 GPU 的能耗大幅度下降,性能显著提高。这些分类和优化方法给以后的研究者提供了一种思路,具有借鉴和参考意义。

表 2.2　缓存优化方法分类与总结

分类标准	优化对象	参考文献
NVM 技术	STT-RAM	[15]~[80]
	PCM	[15][18] [21][27][43][44][81]~[84]
	RRAM	[21][24][43][44][71]
	DWM	[21][85]~[92]
缓存级别	一级缓存	[25][45][48][59][68][80][82][88][89]
	中级或最后一级缓存	Almost all
混合架构	SRAM + STT-RAM	[18]~[20][28][42][50][51] [55][59][60][61][64][66][70]
	DRAM + STT-RAM	[34][71][74]
	PCM + STT-RAM	[27]
	SRAM + PCM	[18][82][84]
	SRAM + DWM	[85]
缓存优化目标	节约功耗	[17]~[24][26] [28][29][31]~[57] [59]~[62] [64]~[73][76]~[78][81]~[85][87]~[92]
	提高性能	[18][20][31][35][37][39][50][52][56] [57][63][66][72]~[79][84][87][90]~[92]
	提高寿命	[27][36][42][43][49][55][58][61][83]
	可靠性	[52][54][79]
应用	CPU 缓存	几乎全部
	GPU 缓存	[50][56][71]~[73][81][91][92]

为了进一步探索缓存优化的通用性方法和研究角度,对于新型存储技术存在的问题,从细粒度的技术层面看,主流的优化方法可以划分为如下三种情况。

(1) 减少 NVM 上的写操作降低功耗

由于 NVM 的写功耗大,研究者主要从位级、访问级、混合缓存等方面减少对 NVM 的写操作。在位级，通过在标签数组(tag array)中增加全 0 数据(all-zero-data)标志来识别所有位都是零的数据，当检测到此标志时，避免执行写操作[40]；同时也可以通过位级感知写操作来避免不必要的写操作，如许多将要写的位已经存储在缓存中，那么没必要再次写入该位，可以通过先读后写的方式判断该位是否一样，从而减少写的次数和功耗[23]；第一次写操作序列是必要的，第二次再写同样的数据就是不必要的[33]；当识别出写操作时，可以以低电流的方式执行写[46]；对于缓存高数据位经常不变，低数据位变化频繁的，可以减少低数据位相同的写操作[47]。在访问级，将脏数据尽量保留在 L1 缓存中，将脏数据保留多个时钟周期后再替换到 L2 缓存或最后一级缓存[29]；通过预测的方式将死写操作绕过最后一级缓存，最大限度避免这些块写入缓存[69]；通过编译指导数据分配，将大量的写操作交由快速写存储处理[39]。在混合缓存方面，研究者充分利用混合缓存各自的优点，减少对 NVM 的写操作，如在 SRAM 中执行写操作，在 STT-RAM 中执行读操作，可以通过编译器指导的方式实现[20,55,65]；同时也可以动态的将写密集型数据由 STT-RAM 迁移到 SRAM 中并减小迁移开销[42,65,70]；通过缓存一致性协议的状态位来动态迁移缓存块[68]。这些方法都在最大限度的减少对 NVM 的写操作，从而达到减少功耗的目的。

(2) 通过耗损均衡延长 NVM 的寿命

减少对 NVM 的写操作在一定程度上能延长 NVM 的寿命。由于 NVM 的写操作次数有限，缓存中的写操作不均匀，这造成某些缓存单元会优先损坏，这样就缩短了 NVM 的寿命。为了解决这个问题，研究者提出了耗损均衡的方法，将写操作均匀地分布到缓存块中，减少缓存组间和组内的写波动来延长 NVM 的寿命[43,44,58]，也有通过缓存分区和访问感知策略来减少缓存不均衡的耗损[61]。

(3) 减少 NVM 的写延迟来提高性能

由于 NVM 的物理特性导致其写延迟高，研究者试图从体系结构、数据预取及 NVM 访问的随机性等角度减少写延迟。如在缓存的微架构中加入写缓冲器，这样可以隐藏缓存访问的长延时[75]；通过减少数据预取间的冲突问题也可减少访问延迟[38,77]；通过概率性访问的方式动态的调整写脉冲的周期来减少写延迟[52]。这些方法都能有效地提高缓存的性能。

2.2.2 基于 STT-RAM 的缓存优化方法

STT-RAM 的特性为其在缓存领域的应用奠定了深厚的基础，但也存在一些缺陷，特别是写功耗高、写寿命有限和写延迟大，这阻碍了它广泛应用于现有的计算机系统，却促进了研究者提出各种方案和策略来弥补它的不足。

学术界已经从多个角度展开研究，表 2.3 对 STT-RAM 的优化标准进行了详细分类，并给出了各类别中采用的优化方法。优化标准包括减少写操作次数来降低功耗、减少写延迟来提升性能、通过耗损均衡来延长寿命、通过混合缓存来弥补写操作的不足、释放 STT-RAM 的易失性来提升性能、解决读写不对称问题、使用多层单元提高存储密度和在 GPU 中的应用降低功耗。缓存优化标准涉及的方法包括在位级感知并避免不必要的写操作[16,33,46,47]、通过数据预取技术减少写操作冲突[38,77]、使缓存组内组间写均衡数据分配方法[43,44,58]、利用编译指导数据分配方法[20,25,39,55,62,65]、修改存储体系结构[18,19,28,29,35,40,50,59,61,72,73,75]、预测缓存死写操作[51,60,69]、通过计数器控制缓存刷新次数[48,62,63,67]、数据迁移感知方法[42,65,70]等。这些方法极大地推动了 STT-RAM 的发展，给研究人员和技术人员提供了科学的理论参考。

表 2.3　基于 STT-RAM 的缓存优化方法分类

分类标准	优化方法和对应的文献
最小化写操作	早写终止[23] 减少死写[69] 编译技术[25,39] 体系结构[29,40] 位单元中的写电流[33] 低电流概率性写[46] 低位缓存[47]
减少写延迟	两种正交技术[38,77] 概率性设计[52] 体系结构[75] 阻碍感知[76]
提高缓存寿命	位单元编码[36] 减少组间和组内写操作[43,44,58] 分区技术[61]
混合缓存	体系结构[18,19,28,59,61] 编译技术[20,55,65] 数据迁移[42,65,70] 预测技术[51,60] 缓存协议[68]
易失性 STT-RAM	释放非易失性[22] 体系结构[35] 基于计数器的动态刷新[48] 编译技术[62] 缓存协议[63,67]
解决读/写不对称	减少写延迟[30] 工艺变化[31,32] 日志风格写操作[78] 动态配置[79]
使用多级存储单元	缓存行并行与交换[37] 组重映射[49] 释放 MLC 的潜力[57]
应用于 GPU	体系结构[50,72~74] 使用共享存储[56]

1. 减少 STT-RAM 的写操作次数

减少对 STT-RAM 的写操作能有效降低能耗，其优化方法和策略众多，本节仅讨论主要优化技术中的创新思想，为研究人员提供一种思路。

文献[23]提出一种早写终止（early write termination，EWT）的方法来减少 STT-RAM 的写功耗。当向缓存中写数据时，许多相同的数据位已经在缓存中，这些写操作是多余的，应该避免这类写操作。该方法设计了一个 EWT 电路在早期终止重复的位写（bit-writes）操作，为了判断将要写的位是否重复，采用先读后写的策略，因为读的代价比写的小，读操作通过电流感知 MTJ 的状态，然后再与将要写的位对比，如果数据相同则不用写入该数据位，这就可以避免冗余的写操作。这种方法能有效地减少写能耗，但是引入了硬件开销和额外的读操作开销。

文献[29]提出一种基于 STT-RAM 架构的缓存优化方法来减少动态功耗。该方法的思想是将脏行（dirty lines）数据保留在 L1 中，这样可以避免过早地将频繁访问的数据写入 L2 和 LLC 中，同时提出写偏向（write biasing）和写缓存（write cache）两种优化技术来减少写操作写偏向技术是通过缓存替换算法将脏行数据尽可能长地保留在 L1/L2 中，而写缓存技术是在 L1 和 L2 之间加入一个小的缓存，专门用于存储从 L1 中替换出来的脏行数据，这样可以缓解从 L1 中写入数据到 L2 中的次数。这种架构方法减少了动态功耗，但是增加了小缓存块的硬件开销，以及缓存管理策略的开销。

文献[33]提出一种位级感知写操作的行为来减少不必要的写操作方法。该方法可以感知位单元的写操作行为，当位序列第一次写时认为是必要的，第二次再写同样的序列时就认为是不必要的，这个过程可以由位单元值感知（bit-cell value detection）和实际写操作（actual write operation)两部分组成,第一部分发送一段电流读取 MTJ 的状态位,这样便可知道当前存储的位单元的值,第二部分通过比较即将写的序列与该值的大小,如果不同则写入数据,反之则避免该写操作,这些都是由写电路完成的。该方法也采用了先读后写的方式避免不必要的写功耗,但是增加了硬件开销,需要设计和修改相应的位电路。

文献[40]提出一种探索许多应用程序处理大量零数据(所有的数据位都存储的 0)的架构技术。该技术在缓存标签数组中增加了全 0 数据标志位,带有此标志的数据值为零。当执行写操作时,缓存先检查待写的数据是否为零,如果检测到,则设置全 0 数据标志,仅将非零的数据写入 STT-RAM 中;当执行读操作时,仅读取缓存中非零标志的数据。通过这种方式能减少大量的写操作,降低功耗,但是每个数据行都会增加一个标志位,增加了硬件开销,同时全 0 数据检测也会有一定的代价。

文献[46]提出一种低电流的概率性写操作方法,即通过调低写电流脉冲来降低功耗。然而电流过低会导致写操作失败,为解决该问题,该文献给出一个迭代式框架,第一步先以低电流执行写操作,第二步读取刚写入的数据,第三步与初始写入的数据对比来决定本次写操作是否成功,如果对比发现不成功则再从第一步开始执行。所有的写入操作都按照这个迭代式框架执行,准确无误便写入该数据。同时,为了进一步保证写过程的正确率,该方法引入了伯努利概率方程,精确的预测每次写操作。上述方案通过动态调整写电流脉冲的强弱来降低写功耗,比较新颖,但迭代式框架的频繁执行会降低系统的性能。

文献[69]提出一种死写预测的 STT-RAM 缓存架构方法。大量的数据写入最后一级缓存后再也未使用过,这样的写入操作叫做死写。减少这些死写操作可以大幅度地降低缓存功耗。为了达到这个目的,该方法首先将死写分为 dead-on-arrival、dead-value 和 closing write。然后,通过抽样的方式预测缓存的访问行为,并实时更新预测表,预测表判断缓存的每次写入操作是否是死写，如果是死写，则该写入操作绕过最后一级缓存，直接写入主存或低级缓存。抽样预测的精度非常高，该方法能减少大部分最后一级缓存的死写操作，因此降低了写功耗。然而，这不可避免的将死写操作转移到了 L1 中，而 L1 的缓存空间和资源是非常有限的，因此带来一定的额外开销。

2. 降低 STT-RAM 的写延迟

STT-RAM 的高写延迟会严重影响缓存的性能，下面探讨优化写延迟的主要方法。

文献[38]，[77]提出通过提高数据预取效率来管理和优化 STT-RAM 缓存的方法。文献[28]给出基本优先分配和优先级提升（priority boosting）的方法。基本优先分配方法是根据不同类型的访问请求（读、写、预取和写回等）的重要性来分配优先级，重要的请求先执行，这样可以减少各个请求之间的访问冲突，降低等待延迟。优先级提升方法是用于区分应用程序访问请求多少的，对于访问请求少的应用程序分配较高优先级，这样可以加速非密集型程序请求的速度，提升整体系统的性能。文献[77]提出请求优先和混合本地全局预取控制的方法。由于数据预取机制，写请求的次数迅速增长，这样会增加其他请求的等待时间，使整体访问周期延长，请求优先方法认为读请求具有最高优先级应马上处理，写请求次之，预取请求和写回请求的优先级低些，因为预取和写回的数据并不会立刻使用。混合本地全局预取控制方法包含本地预取控制和全局预取控制，本地预取控制是针对每个核的预取策略，而全局预取控制是针对所有核和共享缓存的预取策略，它周期性地抽取每个核的预取频率和 LLC 的全局访问频率来评估预取精度，该评估结果将指导下一次预取操作。通过提高数据预取的效率能有效减少访问请求的冲突，降低整体等待周期，提高缓存的性能。该方法依赖于请求分类的准确性和程序的访问特点，对于写密集型程序的效果不佳。

文献[52]提出两种概率性设计来减少写延迟和写失败,即 WRAP (write-verify-rewrite with adaptive period)和 VOW(verify-one-while writing)。WRAP 是一种类似先读后写缓存校验方式,如果写失败,该校验方式会重复执行,这样就会存在一个写脉冲周期,为了权衡写脉冲周期和多次重复执行次数间的关系,WRAP 给出了 τ_{opt}参数动态的调整写脉冲周期,这样就可以减少额外的写脉冲周期。VOW 是为了解决 0 和 1 转换电压感知复杂和读出放大器需要预充电的问题,同时根据统计学的观点,写 0 要比写 1 快,在相同的写脉冲周期中,如果所有写 1 的操作都成功,那么写 0 出错的概率就极低,VOW 仅校验写 1 的操作,这样可以减少校验周期。该方案能有效地减少写延迟和提高写操作的稳定性,但也会引起额外的硬件开销和动态调整策略开销。

文献[75]从体系结构级探讨了 STT-RAM 替换 SRAM 或 DRAM 对芯片面积、缓存性能和功耗的影响。STT-RAM 相比 SRAM 和 DRAM,拥有更低的漏电功耗和更大的容量,但写延迟较大。在相同芯片面积下,STT-RAM 的写延迟可以通过写缓冲来隐藏,数据在写入 STT-RAM 前先写入该缓冲,提高了缓存的性能,然而对于写密集型程序,该写缓冲无法满足需求,对性能提升不大。

3. NVM 的磨损均衡技术

为了延长 NVM 的使用寿命,研究者探讨了减少 NVM 单元的写操作次数和使 NVM 各个存储单元的写操作次数尽量均衡的方法。由于应用程序写操作在缓存组间和组内具有分布不均衡的特点,通过减少写操作数量来延长 NVM 寿命的效果有限。因此,必须引入更加有效的磨损均衡技术使写操作分布更加均衡,提升缓存系统的稳定性。下面探讨磨损均衡技术在主存和缓存上的应用。

(1) 基于 NVM 的主存磨损均衡技术

许多研究者探讨了主存磨损均衡技术,整体优化目标都是一致的。

Qureshi 等[93]提出 Start-Gap 磨损均衡方法和随机化 Start-Gap 方法。Start-Gap 磨损均衡方法是每当主存写操作次数达到阈值时，就交换一次空间上相邻的主存行。这样可以均衡整体写操作，然而它的缺陷在于不能抵抗针对主存行的恶意攻击，随机化 Start-Gap 方法可以解决这类问题。

Zhao 等[94]提出考虑工艺变化的单层存储单元磨损均衡方法。该方法动态地将磨损严重且写强度高的多层存储单元中的数据迁移到 SLC 存储单元，通过动态阈值控制数据的转换与迁移。这样可以充分利用 MLC 高容量的特性并延长其写耐久性(write endurance)。

Seong 等[95]提出一种动态低开销的磨损均衡方法安全刷新(security refresh)。该方法认为使用 PCM 设计主存时，需要综合考虑存储系统的安全性和耐久性，能抵抗恶意攻击和磨损存储单元。基于这个思路，该方法提出动态随机化地址映射方法，在每个刷新周期中通过随机密钥交换数据，这保证了数据的安全性，同时也提升了 PCM 的耐久性。

Asadinia 等[96]提出一种按需的页面配对(on-demand page paired PCM，OD3P)方法。该方法综合考虑部分主存页面达到其耐久性时，剩余的大多数页面寿命还非常长，而失效页面是 PCM 寿命的决定性因素。因此，当检测到失效页面时，OD3P 策略将寻找有效页面与其配对，这样可以提升两倍的寿命。

(2) 基于 NVM 的缓存磨损均衡技术

近年来，一些研究者借鉴主存中的优化方法，结合缓存自身的访问特点，提出面向缓存的磨损均衡技术。Joo 等[83]首先建立了 PCM 缓存的性能、功耗和耐久性模型，然后给出先读后写和数据位反转及一组磨损均衡方法来提升缓存写耐久性。该方法扩展自主存中的磨损均衡技术，并未考虑主存与缓存之间管理方式的不同。

Wang 等[43]提出组内组间写波动感知的缓存管理策略(inter/intra-set write variation aware cache policy，i2WAP)。该方法包含两个特征，

即交换与偏移(swap-shift,SwS)、概率性缓存行清除(probabilistic set line flush,PoLF)。SwS 方法将每两个缓存组映射成一对,通过周期性交换缓存组的物理地址减少组间写波动。每次在对应的组间进行交换,同时如果某个组写的次数过多,那么它就和相邻的下一个组交换。这个方法可以使组间写均衡化,但是无法解决组内写不均衡问题,因为按照缓存管理策略,访问频繁的数据将一直写入行首。PoLF 方法是以一定的概率 flush 频繁访问的数据,即每当缓存行写命中达到阈值时便清除刚命中的缓存行,这样热数据(hot data)将被载入到访问次数少的存储单元,从而减少组内的写波动。它通过一个全局计数器记录频繁访问的数据,该数据访问越频繁,那么被 flush 的概率就越大,这样就减轻了频繁访问的数据一直访问某些位而造成的位损坏。上述策略从整体上可以均衡写操作,但是对于写密集型程序需要足够的缓冲区才能顺利的保存频繁访问的数据。然而,i2WAP 的两种方法都存在一定的盲目性,如 SwS 不管缓存组间写波动是否过大都交换相邻的缓存组,PoLF 对于写强度大,但写波动小的缓存组,仍然会清除大量缓存块,这样会损失性能。

随后,Jokar 等[97]提出使用磨损均衡机制延长 NVM 缓存的寿命。该方法通过交换缓存组内的写频繁的缓存行与待替换的缓存行来减少组内磨损。通过修改写频繁缓存组与写稀少缓存组间的映射关系,交换它们中的数据达到组间磨损均衡。从缓存组内和组间联合优化提升缓存的整体寿命。该方法的缓存组内组间交换的思想与 i2WAP 的 SwS 方法类似,不同点在于使用静态配置的饱和计数器控制缓存行组内交换和和组间映射。然而,该方法因为静态配置的参数,所以不能动态感知缓存组内和组间的写波动,且缓存组间映射逻辑和搜索待交换缓存组的机制会损失系统性能。采用 SRAM-NVM 混合缓存架构能充分利用 SRAM 的高耐久性和写性能,以及 NVM 的非易失性、存储密度高和漏电功耗低等优点，动态迁移缓存组内组间写波动大的缓存行，缓解 NVM 的磨损，能在不损失性能的情况下延长缓存的寿命。

Mittal 等研究人员根据缓存组间组内的访问特点，从多个角度探索了延长缓存寿命的方法。Mittal[58]提出用缓存着色的方法减少缓存组间写波动。该方法通过软件控制主存页面与缓存组间的映射，周期性地修改映射方式，从而确保不同着色缓存上的写操作均衡。然后，Mittal等[98]提出用于解决缓存组内写波动和延长寿命的均衡写方法。该方法的思想是同一缓存组内两个缓存行的写次数相差大于阈值时，那么就交换这两个缓存行数据。同时，Mittal 等[99]给出延长基于 way 的混合缓存寿命的方法。该方法通过数据迁移的方式使 SRAM 优先存储频繁访问且重复使用的数据。通过减少 NVM 存储单元上的写操作数量达到提升缓存寿命的目的，然而此方法未考虑缓存组间组内的写操作波动的特点。同时，该方法仅考虑了缓存组内的写操作的优化。而文献[43]，[97]均表明，缓存组间的磨损优化对缓存寿命提升有较大影响。例如，文献[43]的组间磨损优化方法对二级缓存的寿命提升高达 58%，文献[97]的组间磨损优化方法能减少 41%的组间波动。

Lin 等[100]首先提出高耐久性 SRAM、STT-RAM 和 SRAM/STT-RAM 的混合架构方法，然后提出分区级(partition-level)磨损均衡方法和访问感知策略来减少不同分区间的不均衡磨损。通过写请求的重定向与迁移操作可以有效均衡 STT-RAM 的磨损并延长缓存的寿命。访问感知策略主要针对 STT-RAM 的写管理和 SRAM 的读管理。STT-RAM 的写管理用于减少写入的次数和使写操作均匀分布，其管理过程是如果写请求到来，并且 SRAM 中存在可写的行，那么直接将写请求重定向到 SRAM 中，如果 SRAM 中没有可写的行，则将写请求重定向到其他 STT-RAM 行。SRAM 的读管理过程和 STT-RAM 的写管理过程类似，将 SRAM 中的数据拷贝到 STT-RAM 中，然后在 STT-RAM

中执行读操作。partition-level 磨损均衡方法将混合缓存分为四大块，每大块包含 1 个 SRAM 块、2 个 STT-RAM 块和 1 个 SRAM/STT-RAM 块，根据 SRAM 和 STT-RAM 访问的次数动态的调整分区的路数。上述架构方法和管理策略能够提高缓存的寿命和降低系统功耗，但是需要花费一定的管理代价。

减少对 STT-RAM 的写操作次数能降低缓存动态功耗，减少缓存的磨损，延长缓存的寿命。Zhou 等[23]提出一种 EWT 的方法来降低 STT-RAM 的写功耗。向缓存中写数据时，如果许多相同的数据位已经在缓存中，那么这些写操作是多余的，应该避免这类写操作。该方法使用 EWT 电路在早期终止重复的位写操作，为了判断将要写的位是否重复，采用先读后写的策略，因为读的代价比写的小，读操作通过电流获取 MTJ 的状态，然后再与将要写的位对比，如果数据相同则不用写入该数据位，这就避免了冗余的写操作。

与 EWT 类似，Bishnoi 等[33]提出一种避免不必要的写操作方法。该方法可以感知位单元的写操作行为，当位序列第一次写时认为是必要的，第二次再写同样的序列就认为是不必要的，这个过程可以由位单元值感知和实际写操作两部分完成，第一部分发送一段电流读取当前存储的位单元 MTJ 的值，第二部分比较即将写的序列与该值的大小，如果不同则写入数据，反之则避免该写操作，这些都是由写电路完成的。

Ahn 等[69]提出一种死写预测的 STT-RAM 缓存架构方法。大量的数据写入最后一级缓存后再也未使用过，这样的写入操作叫做死写。该方法首先将死写分为 dead-on-arrival、dead-value 和 closing write。然后，通过抽样的方式预测缓存的访问行为，并实时更新预测表，预测表判断缓存的每次写入操作是否是死写，如果是死写，则该写入操作绕过最后一级缓存，直接写入主存或低级缓存。该方法能减少大部分死写操作，降低动态功耗，对缓存的寿命有一定的提升作用。以上方法均能减少写操作的数量，使缓存磨损程度降低，进一步优化缓存组内组间的磨损不均衡性将能延长缓存的寿命。

综上所述，研究者采用新型非易失性存储技术替代传统缓存技术，用于增加现有缓存的容量、减少缓存的漏电功耗及实现缓存数据的非易失性。针对新型非易失性存储技术的不足可以从电路设计、体系结构、数据分配及编译技术等多个角度进行优化。可见新型存储技术的进一步研究和优化仍然有很大的提升空间。

4. 混合缓存架构

混合缓存架构主要是 SRAM 和 STT-RAM 组合在一起，利用 SRAM 的写速度快和 STT-RAM 的读取速度快、存储密度高和漏电功耗低等优点，相互弥补各自的不足。下面探讨主要的混合缓存的架构和优化方法。

文献[19]提出一种动态可重构的混合 SRAM/STT-RAM 架构方法。该架构将缓存行的数据数组(data array)分配给 SRAM 和 STT-RAM，同时增加了功耗门控装置，可以根据命中计数器的上限动态的开关 SRAM 和 STT-RAM 的路数，从而节省功耗。

文献[55]提出静态方法和动态方法结合起来优化块的放置方法。该方法使用编译器提供静态标识指导数据的初始放置，然后根据运行时缓存的访问行为来修正该标识，最后将写密集的数据放到 SRAM，写不密集的数据放到 STT-RAM 中。该方法能降低混合缓存的功耗，但是依赖于编译器和硬件的支持。

文献[60]提出一种写强度预测的方法来减少混合缓存中 STT-RAM 的写操作。预测器追踪那些倾向于写密集的指令，然后利用该信息来预测缓存块的写强度，写强度高的将载入 SRAM，其他的将载入 STT-RAM。该方法能降低写功耗，预测器的准确性将影响写操作。

文献[68]提出一种基于 MESI 缓存一致性协议的缓存块动态分配

策略。该文献首先给出一级缓存的混合架构方法,然后根据缓存块的状态在 SRAM 和 STT-RAM 之间动态的迁移缓存块,如缓存块是 M 状态时,应该放置到 SRAM 中,而 S 和 E 状态时应该放置在 STT-RAM 中。该策略能减少缓存的功耗,但是由于一级缓存读写访问频繁,缓存状态变化快,会带来一定的迁移开销。

文献[70]提出一种混合缓存自适应放置和迁移块的策略。LLC 的写访问可以分为预取写(prefetch-write)、核写(core-write)和需求写(demand-write)。然后,根据访问模式预测器指导块的放置和迁移操作。通过统计实验结果数据分析访问模式可知,对于预取写块,数据写入缓存后零次或少量的读应该放置在 SRAM 中,其余的放在 STT-RAM 中;对于核写块,数据写入缓存后立刻读的适合放在 SRAM 中,其他的适合放置在初始位置;对于需求写块,数据写入缓存后没有读的没必要写入 LLC,其他的适合放置在 STT-RAM 中。为了动态的调整缓存的写强度,该方法在程序执行过程中可以动态感知写强度,并迁移块。该策略是根据 CPU 测试集的统计结果指导缓存块放置的,试用范围有限,且精度有待提高。

5. 易失性 STT-RAM 缓存架构

为了权衡 STT-RAM 的数据保留时间和写延迟之间的关系,文献[22],[35]提出释放 STT-RAM 的非易失性,并寻找最优的数据保留时间来架构易失性 STT-RAM 缓存,减少写延迟,提高性能,然而数据保留时间过低会导致数据丢失,这就需要一定的刷新机制保证数据的正确性。下面探讨主要的易失性 STT-RAM 缓存架构的优化方法。

文献[48]提出一种基于 STT-RAM 的 L1 和低级缓存设计,各级缓存拥有不同的数据保留时间。由于 L1 读写访问频繁,对读写效率要求高,故 L1 缓存使用低的数据保留时间,同时通过计数器控制缓存动态刷新以防止数据丢失;对于低级缓存容量相对较大,访问速度可容忍,故设计的缓存数据保留时间较高，并且缓存组中不同缓存路数也含有不同的数据保留时间。为了保证性能和功耗，数据迁移方法将数据在不同保留时间的缓存路上移动。上述方案可以充分利用 STT-RAM 的不同数据保留时间，使性能和能效达到最大化。

文献[62]提出一种编译器辅助的易失性 STT-RAM 刷新最小化策略。该策略在编译时重新分配数据，并指出主动刷新存在的问题，然后提出线性规划和启发式算法的解决方案来使主动刷新最小化，为了进一步减少缓存刷新的次数，该策略又提出一种解决两次连续访问距离非常长的 N 次刷新方法。上述几种方案综合起来可以减少编译和运行时的缓存刷新次数，降低功耗，但是线性规划的实现存在一定的时间复杂性。

文献[67]提出一种基于缓存一致性协议的自适应刷新策略来减少易失性 STT-RAM 刷新操作的次数。该文献首先分析缓存刷新操作对系统性能的影响，然后提出不刷新策略和给定刷新次数的策略，不刷新策略指每次检查缓存块是否有效，若无效则不用刷新，而给定刷新次数的策略是指每个缓存块刷新 N 次。经过上面的刷新策略，有些缓存块会丢失数据，为了维护缓存的一致性，该文献在 MESI 缓存一致性协议中增加了 W 状态来维护这个过程，从而保证了整个缓存中数据的一致性，同时也最大限度的减少了刷新操作。上述策略能降低多核系统的功耗，同时提高性能，但是维护缓存的一致性会有一定的开销。

6. STT-RAM 的读写不对称性

读写不对称性是指 STT-RAM 中写 0 和写 1 的时间不同，那么 1 到 0 和 0 到 1 状态转换所需要的时间也是不相同的，且写的速度偏慢。为解决这些问题，下面探讨主要解决读写不对称的缓存优化方法。

文献[30]提出一种使用冗余块的读写不对称架构方法。该方法是在每个缓存行引入额外的位，当执行写操作，首先检查缓存行是否有预设为0的位,如果存在,那么当前写操作不直接写入0数据,而是将预设位标记为实际的数据位,然后再将其移动到数据位实际的位置;如果不存在,那么直接将数据位写入其实际位置。例如,当缓存行预先存储着0状态,当某个缓存行发生写操作时,可以不需要1到0的转换过程,这样写的速度大幅度提高。该方案通过增加冗余位来减少STT-RAM写慢的问题,减少1到0的转换时间,隐藏了部分写延迟,但增加了一定的缓存位开销。

文献[32]提出一种异步读写不对称终止的方法,根据读写不对称的行为来终止写操作。当存储单元处于稳定的1状态时,写电路可以异步关闭,基于这样的观察结论,该文献给出时钟信号控制方法和self-timing的方法,时钟信号控制方法发出一个时钟信号驱动写终止,然后self-timing方法根据MTJ存储单元的信息产生一个写终止信号,这样可以减少不必要的写电流,降低写功耗,当然也会产生一些控制电路的开销。

文献[78]提出一种通用的log style write方法来减少STT-RAM的写0和写1状态转换不对称性问题。该方法将写0和写1分两阶段处理,初始时只有写1操作,当新数据要写入缓存时只执行写0操作。例如,一个8路相连的缓存组,在每组增加一路,记为log way,它初始时被程序化为1,当写入新数据时,待写入的那一路标记为无效,而将新数据中的0位写入log way,在下一轮写操作前,无效的那一路重置为1,并记为log way,每次访问都循环重复这个过程。这样每次新数据的写操作中仅有写0操作,那么写延迟和写功耗都大幅度减少,然而却带来12.5%的存储空间开销和log way重置为1的开销。

7. 多层存储单元的STT-RAM

多层存储单元STT-RAM是指每个存储单元可以存储多个数据位,存储密度提高了,这对于构建大容量低功耗的片上缓存非常有用,然而它的读写延迟却翻倍了,严重影响性能。下面探讨主要解决这些问题的缓存优化方法。

文献[37]提出缓存 line pairing 和 line swapping 的策略来减少多层存储单元读写缓慢的问题。例如，现有的 2 位存储单元包含 1 个 hard-bit 和 1 个 soft-bit。hard-bit 具有读快写慢的特点，而 soft-bit 具有读慢写快的特点，缓存 line pairing 策略用于组织和管理这两个位，而缓存 line swapping 策略用于将频繁写的数据放入 soft-bit，将频繁读的数据放入 hard-bit，这样就极大地降低了缓存的访问延迟，提高了整体的性能。soft-bit 和 hard-bit 中的数据频繁的交换会带来一定的开销。

文献[49]提出一种组重映射(set remapping)的方法来延长多层存储单元的使用时间。该方法每隔一段时间重新映射所有的组，改变数据存储的地址，任何两个不同的地址不会被映射到同一个块，组中任何位置都会被映射到，经过组重映射处理，所有缓存组耗损均衡了，提高了缓存的寿命。然而，重新映射缓存会丢失性能，导致某些地址访问缺失，为了解决这个问题，该文献通过增加标志位来记录组重映射前后的地址变换，这样就可以定位到映射前的数据。上述方法虽然延长了存储单元的使用时间，但带来了组重映射开销和存储空间的开销。

8. 在 GPU 中的应用

近年来，在 NVIDIA 和 AMD 的推动下，GPU 技术得到迅猛发展，GPU 包含大量的计算核心，片上缓存的访问消耗了大量功耗，新型存储技术的引入能大幅度节省能耗。下面探讨一些主要的 STT-RAM 在 GPU 中应用的缓存优化方法。

文献[50]提出在 GPU 中使用 SRAM/STT-RAM 共享缓存的方法来减少漏电功耗和动态功耗。由于不同的应用程序访问共享缓存表现出不同的时间局部性和空间局部性，对于具有良好时间局部性且写强度高的程序，访问 SRAM，其他的则访问 STT-RAM。GPU 的共享缓存是软件管理方式的，用户可以根据程序的特点控制重复的数据访问，为了减少在 STT-RAM 中的重复写操作，采用了先读后写的方式，同时通过编译器辅助的方式指导数据的分配。上述方法对于减少 GPU 的功耗有良好的效果，对新型缓存技术在 GPU 中的应用有很大的参考价值。

文献[72]提出在 GPU 中使用 STT-RAM 做二级缓存的架构方法。该缓存架构由小容量 LR 和大容量 HR 构成。LR 负责存储和保留写强度高、时间局部性好的数据，HR 用于存储只读或写不频繁的数据。为了最大化利用二级缓存，对于 HR 中出现的频繁写操作应该迁移到 LR 中，通过写操作的上限次数来决定是否发生迁移。上述方法将不同保留时间的 STT-RAM 混合在一起，利用两部分缓存的特点分别处理 GPU 的读写操作，可以提高性能、降低功耗，但同时也带来刷新和迁移开销。

2.2.3　基于 PCM 的缓存优化方法

PCM 具有存储密度大、非易失性和可靠性高等优点，然而它的写速度慢，寿命也比 STT-RAM 低很多，少数研究者探讨了 PCM 在缓存中的应用。表 2.4 展示了现有的缓存优化方法，这些方法重点解决 PCM 存储寿命短的问题，主要从耗损均衡的角度均匀化写操作。

表 2.4　基于 PCM 的缓存优化方法分类

分类标准	优化方法和对应的文献
提高缓存寿命	提高寿命[27]
	减少组间组内写操作[43][44]
	设计[83]
混合缓存	体系结构[18][82][84]
	提高寿命[27]
应用于 GPU	软件硬件联合设计[81]

文献[83]提出多种 PCM 片上缓存架构优化技术，包括先读后写、数据反转编码和耗损均衡等方法。在缓存中，大约有 85%的写操作是重复的，为了减少这些重复的写操作，先读后写的方法是利用 PCM 的读代价小于写代价的原理，将待写的新数据与读出的数据比较，若不同则写入新数据；为了进一步减少写操作的次数，数据反转编码方法是指新数据写入缓存块前，先计算新数据和当前缓存块值之间的汉明距离(Hamming distance，HD)，如果 HD 大于缓存块大小的一半时，那么就将新数据反转编码后写入缓存块，并将反转状态位设为 1，下次根据反转状态位来恢复原始数据；为了使缓存块中写均匀分布，耗损均衡方法使用位移动的方式变换频繁访问数据的位置，通过移动偏移量来记录块的位置。上述方法极大地减少了写功耗，并将写寿命延长到了 3.8 年，然而反转编码会带来额外的时间和空间开销。

文献[84]提出一种 SRAM/PCM 混合缓存架构的耗损均衡方法。该方法在缓存中加入读写计数器来记录数据的访问行为，并将数据分为写频繁和死写数据，最后根据这些信息预测数据的访问行为，并将其分配或移动到 SRAM 缓存中。上述方法能避免在 PCM 中执行大量的写操作，降低系统功耗，然而小容量的 SRAM 对于写频繁的程序会造成访问冲突和等待，降低系统性能。

2.2.4　基于 RRAM 的缓存优化方法

RRAM 具有存储密度大、非易失性和可靠性高等特点，它的读写速度要高于 PCM，发展前景广阔，但是它也存在寿命低的问题。表 2.5 介绍 RRAM 在缓存中使用的优化方法。文献[43]，[44]通过均衡缓存组内和组间的写操作提高寿命。文献[43]提出一种缓存数据迁移的技术来使组内写均衡的方法。该方法思想是如果写操作一直频繁发生在缓存组的 A 位置，那么隔一段时间就将其移动到缓存组中不频繁访问的 B 处，然后将 A 位置标记为无效，这样就达到了耗损均衡并提高缓存寿命的目的。上述方法可能会引起缓存访问缺失，降低性能。

表 2.5 基于 RRAM 的缓存优化方法分类

分类标准	优化方法和对应的文献
提高缓存寿命	减少组间和组内写操作[43][44]

2.2.5 基于 DWM 的缓存优化方法

DWM 具有存储密度大、功耗低和非易失性等优点，存储寿命比 PCM 和 RRAM 都长，并且制造成本低，极具吸引力。然而，它要面对位访问移动操作引起的写延迟高的问题，少数研究者在探索 DWM 在缓存中的应用，表 2.6 给出了 DWM 在缓存中使用的优化方法，主要从缓存架构、设计和减少写延迟等角度探讨的。

表 2.6 基于 DWM 的缓存优化方法分类

分类标准	优化方法和对应的文献
设计探索	跨层设计[87][90]
	体系结构[80]
混合缓存	体系结构[85][86]
使用多级存储单元	基于移动的写操作[88]
	体系结构[89]
应用于 GPU	体系结构[91]
	寄存器文件架构[92]

文献[85]第一次提出一种基于 DWM 的 TapeCache 架构方法。该架构由两部分组成：一是针对读操作优化的多端口 DWM 宏单元；二是缓存宏单元的组织和管理策略。多端口宏单元从架构上看像磁带结构，它可以存储高达数百个位，然而访问这些位所需的时间与读写端口的相对位置有关，这样就产生了不同的访问延迟。为了减少读访问延迟，TapeCache 宏单元将头部设计为只读端口，转换控制器能够迅速找

到该单元。为了提高性能，DWM的缓存块采用DWM/SRAM的混合结构，SRAM做标签数组部分，DWM做数据数组部分。为了减少TapeCache访问的高延迟，该文献提出多个DWM宏单元层间数据位组织方式，即缓存块的数据选取多个宏单元同一个位置数据，这样减少了访问单个宏单元数据数组时每个位访问延迟不同的弊端。上述方法为DWM的应用提供了一种架构思路，能有效地提高访问速度。

文献[90]提出一种使用DWM架构最后一级缓存的跨层(cross-layer)优化方法，包括缓存单元设计、数组结构、组织架构及数据管理等层面。缓存单元和数组的设计是为了使读写访问操作一致，组织架构方面采用物理到逻辑的映射方法，数据管理方面使用应用驱动的管理方式，即将访问频繁的数据块分配到离统一访问端口近的位置，这样可以最小化移动操作，同时减小开销。上述方法从缓存的多个层面探索了DWM应用的潜力，为促进DWM在缓存中的应用具有十分重要的意义。

文献[91]第一次提出一种基于DWM的GPGPU缓存层次结构设计方法。该方法在缓存的所有层次结构中都采用1位DWM和多位DWM组合的方式，充分地利用DWM的高密度性。访问数据的移动操作仍然是个挑战，因此将缓存块设计为成群的磁带间并行组织方式，这样磁带可以共享一个控制逻辑，并且缓存块的各个位访问速度一致。为了减少连续访问操作的移动延迟，该架构设计了磁带头部管理策略，即磁带头部的读写端口是对齐的。为了进一步减少访问延迟，该架构在L2缓存前增加了一个移动感知的缓冲区，当GPGPU中的不同流处理器访问L2时，如果预测到该访问具有内部warp局部性或表现出高的移动代价，那么该访问将转移到缓存区。上述几种方案综合减小访问延迟，降低功耗并能提高性能。

2.3 本章小结

本章总结面向传统缓存技术和新型缓存技术的研究现状。首先，探讨减少传统缓存静态功耗和动态功耗的方法。然后，介绍面向新型NVM缓存技术的优化方法，新型NVM具有非易失性、低功耗和高存储密度等优点，对传统存储体系结构将产生深远影响，然而也存在写功耗高、写寿命有限和写延迟长等缺点。新型NVM的特点、新型NVM架构的缓存优化方法和新型NVM在未来缓存架构中优化方法的研究方向。重点分类探讨主流缓存优化方法，分析新型NVM应用于缓存系统优化方法的优势和缺陷，这些有助于研究者和工程师运用以上优化方法提高缓存的性能和能效，同时设计新的解决方案来优化缓存，为新型NVM广泛使用提供了一种思路。

新型存储器件能为下一代高性能计算提供高存储密度、为大数据提供低能耗和快速访问的存储设施、为物联网提供非易失性低能耗的存储器和为移动终端提供大容量高速度的存储设备，这些特性给计算机系统结构和软件设计带来了巨大的机遇。目前，新型NVM在体系结构中的商业应用非常广泛，STT-RAM和PCM已经出现了相关产品，但存在的各类问题需要逐一解决。随着新型存储器件的制造工艺逐渐成熟、性能更加稳定、写功耗更低及使用时间更长，新型存储器的应用将会普及，新的缓存体系结构和系统软件优化也将得到空前的发展。这些都是未来需要进一步深入研究和探索的。

参考文献

[1] Kin J, Gupta M, Mangione-Smith W H. The filter cache: an energy efficient memory structure[C]//Proceedings of the 30th Annual ACM/IEEE International Symposium on Microarchitecture. Piscataway NJ: IEEE, 1997: 184-193.

[2] Powell M D, Agarwal A, Vijaykumar T N, et al. Reducing set-associative cache energy via way-prediction and selective direct-mapping[C]//Proceedings of the 34th Annual ACM/IEEE International Symposium on Microarchitecture. Piscataway NJ: IEEE, 2001: 54-65.

[3] 项晓燕. 体系结构级 Cache 功耗优化技术研究[D]. 杭州：浙江大学博士学位论文，2013.

[4] Fang Z, Zhao L, Jiang X, et al. Reducing L1 caches power by exploiting software semantics[C]//Proceedings of the 2012 ACM/IEEE International Symposium on Low Power Electronics and Design. New York: ACM, 2012: 391-396.

[5] Jones T M, Bartolini S, De Bus B, et al. Instruction cache energy saving through compiler way-placement[C]//Proceedings of the Conference on Design, Automation and Test in Europe. New York: ACM, 2008: 1196-1201.

[6] Yang J, Gupta R. Energy efficient frequent value data cache design[C]//Proceedings of the 35th Annual IEEE/ACM International Symposium on Microarchitecture. Piscataway NJ: IEEE, 2002: 197-207.

[7] Powell M, Yang S H, Falsafi B, et al. Gated-Vdd: a circuit technique to reduce leakage in deep-submicron cache memories[C]//Proceedings of the 2000 International Symposium on Low Power Electronics and Design. New York: ACM, 2000: 90-95.

[8] Kaxiras S, Hu Z, Martonosi M. Cache decay: exploiting generational behavior to reduce cache leakage power[J]. ACM SIGARCH Computer Architecture News, 2001, 29(2): 240-251.

[9] Flautner K, Kim N S, Martin S, et al. Drowsy caches: simple techniques for reducing leakage power[C]//Proceedings of the 29th Annual International Symposium on Computer Architecture. Piscataway NJ: IEEE, 2002: 148-157.

[10] Kadjo D, Kim H, Gratz P, et al. Power gating with block migration in chip-multiprocessor last-level caches[C]//Proceedings of the 31st International Conference on Computer Design (ICCD). Piscataway NJ: IEEE, 2013: 93-99.

[11] Sundararajan K T, Porpodas V, Jones T M, et al. Cooperative partitioning: Energy-efficient cache partitioning for high-performance CMPs[C]//Proceedings of the 18th International Symposium on High Performance Computer Architecture (HPCA). Piscataway NJ: IEEE, 2012: 1-12.

[12] Kotera I, Abe K, Egawa R, et al. Power-aware dynamic cache partitioning for CMPs[C]//Transactions on High-performance Embedded Architectures and Compilers III. Berlin: Springer, 2011: 135-153.

[13] Ku J C, Ozdemir S, Memik G, et al. Thermal management of on-chip caches through power density minimization[C]//Proceedings of the 38th Annual IEEE/ACM International Symposium on Microarchitecture. Piscataway NJ: IEEE, 2005: 283-293.

[14] Noori H, Goudarzi M, Inoue K, et al. Improving energy efficiency of configurable caches via temperature-aware configuration selection[C]//Proceedings of the IEEE Computer Society Annual Symposium on VLSI. Piscataway NJ: IEEE, 2008: 363-368.

[15] 沈志荣，薛巍，舒继武. 新型非易失存储研究[J]. 计算机研究与发展，2014, 51(2): 445-453.

[16] 张鸿斌，范捷，舒继武，等. 基于相变存储器的存储系统与技术综述[J]. 计算机研究与发展，2014(8): 1647-1662.

[17] Chang M, Rosenfeld P, Lu S, et al. Technology comparison for large last-level caches (L3Cs): Low-leakage SRAM, low write-energy STT-RAM, and refresh-optimized eDRAM[C]//Proceedings of the 19th International Symposium on High Performance Computer Architecture (HPCA2013). Piscataway NJ: IEEE, 2013: 143-154.

[18] Wu X, Li J, Zhang L, et al. Hybrid cache architecture with disparate memory technologies [C]//Proceedings of the 36th Annual International Symposium on Computer Architecture (ISCA 2009). New York: ACM, 2009: 34-45.

[19] Chen Y, Cong J, Huang H, et al. Dynamically reconfigurable hybrid cache: An energy-efficient last-level cache design[C]//Proceedings of the Conference on Design, Automation and Test in Europe. Bilgium: European Design and Automation Association, 2012: 12-16.

[20] Li Y, Chen Y, Jones A. A software approach for combating asymmetries of non-volatile memories[C]//Proceedings of the 2012 ACM/IEEE International Symposium on Low Power Electronics and Design (ISLPED 2012). New York: ACM, 2012: 191-196.

[21] Kryder M, Chang S. After hard drives-what comes next[J]. IEEE Transactions on Magnetics, 2009, 10(45): 3406-3413.

[22] Smullen C, Mohan V, Nigam A, et al. Relaxing non-volatility for fast and energy-efficient STT-RAM caches[C]//Proceedings of 2011 IEEE 17th International Symposium on High Performance Computer Architecture (HPCA). Piscataway NJ: IEEE, 2011: 50-61.

[23] Zhou P, Zhao B. Yang J, et al. Energy reduction for STT-RAM using early write termination[C]//Proceedings of International Conference on Computer-Aided Design-Digest of Technical Papers. Piscataway NJ: IEEE, 2009: 264-268.

[24] Li H, Chen Y. An overview of non-volatile memory technology and the implication for tools

and architectures[C]//Proceedings of the Conference on Design, Automation and Test in Europe. Bilgium: European Design and Automation Association, 2009: 731-736.

[25] Li Y, Zhang Y J, Li H, et al. C1C: a configurable, compiler-guided STT-RAM L1 cache[J]. ACM Transaction on Architecture and Code Optimization(TACO), 2013, 10(4): 52.

[26] Sun Z Y, Li H, Wu W Q. A dual-mode architecture for fast-switching STT-RAM[C]//Proceedings of the 2012 ACM/IEEE International Symposium on Low Power Electronics and Design. New York: ACM, 2012: 45-50.

[27] Joo Y, Park S. A hybrid PRAM and STT-RAM cache architecture for extending the lifetime of PRAM caches[J]. IEEE Computer Architecture Letters, 2013, 6: 55-58.

[28] Sun G Y, Dong X Y, Xie Y, et al. A novel architecture of the 3D stacked MRAM L2 cache for CMPs[C]//Proceedings of 2009 IEEE 15th International Symposium on High Performance Computer Architecture(HPCA 2009). Piscataway NJ: IEEE, 2009: 239-249.

[29] Rasquinha M, Choudhary D, Chatterjee S, et al. An energy efficient cache design using spin torque transfer(STT) RAM[C]//Proceedings of the 16th ACM/IEEE International Symposium on Low Power Electronics and Design. New York: ACM, 2010: 389-394.

[30] Kwon K W, Choday S H, Kim Y, et al. AWARE(asymmetric write architecture with redundant blocks): a high write speed STT-MRAM cache architecture[J]. IEEE Transactions on Very Large Scale Integration(VLSI) Systems, 2014: 712-720.

[31] Zhou Y, Zhang C, Sun G Y, et al. Asymmetric-access aware optimization for STT-RAM caches with process variations[C]//Proceedings of the 23rd ACM International Conference on Great lakes Symposium on VLSI. New York: ACM, 2013: 143-148.

[32] Bishnoi R, Ebrahimi M, Oboril F, et al. Asynchronous asymmetrical write termination (AAWT) for a low power STT-MRAM[C]//Proceedings of Design, Automation and Test in Europe Conference and Exhibition(2014DATE). Piscataway NJ: IEEE, 2014: 1-6.

[33] Bishnoi R, Oboril F, Ebrahimi M, et al. Avoiding unnecessary write operations in STT-MRAM for low power implementation[C]//Proceedings of 2014 15th International Symposium on Quality Electronic Design(ISQED). Piscataway NJ: IEEE, 2014: 548-553.

[34] Noguchi H, Nomura K, Abe K, et al. D-MRAM cache: enhancing energy efficiency with 3T-1MTJ DRAM/MRAM hybrid memory[C]//Proceedings of the International Conference on Design, Automation and Test in Europe. New York: EDA Consortium, 2013: 1813-1818.

[35] Jog A, Mishra A K, Xu C, et al. Cache revive: architecting volatile STT-RAM caches for en-

hanced performance in CMPs[C]//Proceedings of the 49th Annual Design Automation Conference. New York:ACM,2012:243-252.

[36] Yazdanshenas S,Ranjbar Pirbast M,Fazeli M,et al. Coding last level STT-RAM cache for high endurance and low power[J]. IEEE Computer Architecture Letters,2013:73-76.

[37] Jiang L,Zhao B,Zhang Y T,et al. Constructing large and fast multi-level cell STT-MRAM based cache for embedded processors[C]//Proceedings of 49th ACM/EDAC/IEEE Design Automation Conference(2012DAC). Piscataway NJ:IEEE,2012:907-912.

[38] Mao M J,Li H,Jones A K,et al. Coordinating prefetching and STT-RAM based last-level cache management for multicore systems[C]//Proceedings of the 23rd ACM International Conference on Great Lakes Symposium on VLSI. New York:ACM,2013:55-60.

[39] Li Yong,Jones A K. Cross-layer techniques for optimizing systems utilizing memories with asymmetric access characteristics[C]//Proceedings of 2012 IEEE Computer Society Annual Symp on VLSI(ISVLSI). Piscataway NJ:IEEE,2012:404-409.

[40] Jung J,Nakata Y,Yoshimoto M,et al. Energy-efficient Spin-Transfer Torque RAM cache exploiting additional all-zero-data flags[C]//Proceedings of 2013 14th International Symposium on. IEEE Quality Electronic Design(ISQED). Piscataway NJ:IEEE,2013:216-222.

[41] Park S P,Gupta S,Mojumder N,et al. Future cache design using STT MRAMs for improved energy efficiency: devices, circuits and architecture[C]//Proceedings of the 49th Annual Design Automation Conference. New York:ACM,2012:492-497.

[42] Jadidi A,Arjomand M,Sarbazi-Azad H. High-endurance and performance-efficient design of hybrid cache architectures through adaptive line replacement[C]//Proceedings of the 17th IEEE/ACM International Symposium on Low-power Electronics and Design. Piscataway NJ:IEEE,2011:79-84.

[43] Wang J,Dong X,Xie Y,et al. i2WAP:improving non-volatile cache lifetime by reducing inter-and intra-set write variations[C]//Proceedings of 2013 IEEE 19th International Symposium on High Performance Computer Architecture(HPCA2013). Piscataway NJ:IEEE,2013:234-245.

[44] Mittal S,Vetter J S,Li D. LastingNV cache:A technique for improving the lifetime of non-volatile caches[C]//Proceedings of 2014 IEEE Computer Society Annual Symposium on VLSI(ISVLSI). Piscataway NJ:IEEE,2014:534-540.

[45] Ahn J,Choi K. LASIC:loop-aware sleepy instruction caches based on[J]. IEEE Transac-

tions on Very Large Scale Integration(VLSI) Systems, 2014: 1197-1201.

[46] Strikos N, Kontorinis V, Dong X, et al. Low-current probabilistic writes for power-efficient STT-RAM caches[C]//Proceedings of 2013 IEEE 31st International Conference on Computer Design(ICCD). Piscataway NJ: IEEE, 2013: 511-514.

[47] Ahn J, Choi K. Lower-bits cache for low power STT-RAM caches[C]//Proceedings of 2012 IEEE International Symposium on Circuits and Systems (ISCAS). Piscataway NJ: IEEE, 2012: 480-483.

[48] Sun Z Y, Bi X Y, Li H, et al. Multi retention level STT-RAM cache designs with a dynamic refresh scheme[C]//Proceedings of the 44th Annual IEEE/ACM International Symposium on Microarchitecture. New York: ACM, 2011: 329-338.

[49] Chen Y R, Wong W, Li H, et al. On-chip caches built on multilevel spin-transfer torque RAM cells and its optimizations[J]. ACM Journal on Emerging Technologies in Computing Systems(JETC), 2013, 9(2): 16.

[50] Goswami N, Cao B, Li T. Power-performance co-optimization of throughput core architecture using resistive memory[C]//Proceedings of 2013 IEEE 19th International Symposium on High Performance Computer Architecture (HPCA2013). Piscataway NJ: IEEE, 2013: 342-353.

[51] Quan B, Zhang T, Chen T, et al. Prediction table based management policy for STT-RAM and SRAM hybrid cache[C]//Proceedings of the 7th International Conference on Computing and Convergence Technology(ICCCT). Piscataway NJ: IEEE, 2012: 1092-1097.

[52] Bi X, Sun Z, Li H, et al. Probabilistic design methodology to improve run-time stability and performance of STT-RAM caches[C]//Proceedings of the International Conference on Computer-Aided Design. New York: ACM, 2012: 88-94.

[53] Guo X, Ipek E, Soyata T. Resistive computation: avoiding the power wall with low-leakage, STT-MRAM based computing[C]//Proceedings of ACM SIGARCH Computer Architecture News. New York: ACM, 2010, 38(3): 371-382.

[54] Ahn J, Yoo S, Choi K. Selectively protecting error-correcting code for area-efficient and reliable STT-RAM caches[C]//Proceedings of 2013 18th Asia and South Pacific Design Automation Conference(ASP-DAC). Piscataway NJ: IEEE, 2013: 285-290.

[55] Chen Y T, Cong J, Huang H, et al. Static and dynamic co-optimizations for blocks mapping in hybrid caches[C]//Proceedings of the 2012 ACM/IEEE International Symposium on

Low Power Electronics and Design. New York:ACM,2012:237-242.

[56] Satyamoorthy P. STT-RAM for Shared Memory in GPUs[D]. Charlottesville:University of Virginia,2011.

[57] Bi X Y,Mao M J,Wang D H,et al. Unleashing the potential of MLC STT-RAM caches[C]//Proceedings of the International Conference on Computer-Aided Design. Piscataway NJ:IEEE,2013:429-436.

[58] Mittal S. Using cache-coloring to mitigate inter-set write variation in non-volatile caches[J]. arXiv Preprint arXiv,2013:1310. 8494.

[59] Sun H,Liu C,Xu W,et al. Using magnetic RAM to build low-power and soft error-resilient L1 cache[J]. 2012 IEEE Transactions on Very Large Scale Integration(VLSI) Systems. 2012,20(1):19-28.

[60] Ahn J,Yoo S,Choi K. Write intensity prediction for energy-efficient non-volatile caches[C]//Proceedings of 2013 IEEE Int Symp on Low Power Electronics and Design(ISLPED). Piscataway NJ:IEEE,2013:223-228.

[61] Syu S M,Shao Y H,Lin I C. High-endurance hybrid cache design in CMP architecture with cache partitioning and access-aware policy[C]//Proceedings of the 23rd ACM International Conference on Great lakes Symposium on VLSI. New York:ACM,2013:19-24.

[62] Li Q A,Li J H,Shi L,et al. Compiler-assisted refresh minimization for volatile STT-RAM cache[C]//Proceedings of 2013 18th Asia and South Pacific Design Automation Conference (ASP-DAC). Piscataway NJ:IEEE,2013:273-278.

[63] Li J H,Shi L,Li Q A,et al. Cache coherence enabled adaptive refresh for volatile STT-RAM[C]//Proceedings of the Conference on Design,Automation and Test in Europe. New York:EDA Consortium,2013:1247-1250.

[64] Li Q A,Zhao M Y,Xue C,et al. Compiler-assisted preferred caching for embedded systems with STT-RAM based hybrid cache[C]//Proceedings of the 13th ACM SIGPLAN/SIGBED International Conference on Languages,Compilers,Tools and Theory for Embedded Systems. New York:ACM,2012:109-118.

[65] Li Q A,Li J H,Shi L,et al. Compiler-assisted STT-RAM-based hybrid cache for energy efficient embedded systems[J]. IEEE Transactions on Very Large Scale Integration(VLSI) Systems,2014,22(8):1829-1840.

[66] Li J H,Shi L,Li Q A,et al. Thread progress aware coherence adaption for hybrid cache

coherence protocols[J]. IEEE Transactions on Parallel and Distributed Systems, 2013, 25(10):2697-2707.

[67] Li J H, Shi L, Li Q A, et al. Low-energy volatile STT-RAM cache design using cache-coherence-enabled adaptive refresh[J]. ACM Transactions on Design Automation of Electronic Systems(TODAES), 2013, 19(1):5.

[68] Wang J X, Tim Y, Wong W F, et al. A coherent hybrid SRAM and STT-RAM L1 cache architecture for shared memory multicores[C]//Proceedings of the 19th Asia and South Pacific Design Automation Conference(ASP-DAC). Piscataway NJ: IEEE, 2014: 610-615.

[69] Ahn J, Yoo S, Choi K. Dasca: dead write prediction assisted stt-ram cache architecture[C]// IEEE 20th International Symposium on High Performance Computer Architecture (HPCA). Piscataway NJ: IEEE, 2014: 25-36.

[70] Wang Z, Jiménez D A, Xu C, et al. Adaptive placement and migration policy for an STT-RAM-based hybrid cache[C]//2014 IEEE 20th International Symposium on High Performance Computer Architecture(HPCA). Piscataway NJ: IEEE, 2014: 13-24.

[71] Zhao J S, Xie Y. Optimizing bandwidth and power of graphics memory with hybrid memory technologies and adaptive data migration[C]//Proceedings of the International Conference on Computer-Aided Design. New York: ACM, 2012: 81-87.

[72] Samavatian M H, Abbasitabar H, Arjomand M, et al. An efficient STT-RAM last level cache architecture for GPUs[C]//Proceedings of the Design Automation Conference. New York: ACM, 2014: 1-6.

[73] Liu X X, Li Y, Zhang Y J. et al. STD-TLB: a STT-RAM-based dynamically-configurable translation lookaside buffer for GPU architectures[C]//Proceedings of 2014 19th Asia and South Pacific Design Automation Conference (ASP-DAC). Piscataway NJ: IEEE, 2014: 355-360.

[74] Wei W, Jiang D J, Xiong J, et al. HAP: hybrid-memory-aware partition in shared last-level cache[C]//Proceedings of 2014 32nd IEEE International Conference on Computer Design (ICCD). Piscataway NJ: IEEE, 2014: 28-35.

[75] Dong X Y, Wu X X, Sun G Y, et al. Circuit and microarchitecture evaluation of 3D stacking magnetic RAM (MRAM) as a universal memory replacement[C]//Proceedings of 2008 45th ACM/IEEE Design Automation Conference(DAC). Piscataway NJ: IEEE, 2008: 554-559.

[76] Wang J, Dong X Y, Xie Y. OAP: an obstruction-aware cache management policy for STT-

RAM last-level caches[C]//Proceedings of the Conf on Design, Automation and Test in Europe. New York: EDA Consortium, 2013: 847-852.

[77] Mao M J, Sun G Y, Li Y, et al. Prefetching techniques for STT-RAM based last-level cache in CMP systems[C]//Proceedings of 2014 19th Asia and South Pacific Design Automation Conf(ASP-DAC). Piscataway NJ: IEEE, 2014: 67-72.

[78] Sun G Y, Zhang Y J, Wang Y, et al. Improving energy efficiency of write-asymmetric memories by log style write[C]//Proceedings of the 2012 ACM/IEEE International Symposium on Low Power Electronics and Design. New York: ACM, 2012: 173-178.

[79] Zhang Y J, Bayram I, Wang Y, et al. ADAMS: asymmetric differential STT-RAM cell structure for reliable and high-performance applications[C]//Proceedings of the International Conference on Computer-Aided Design. Piscataway NJ: IEEE, 2013: 9-16.

[80] Venkatesan R, Chippa V K, Augustine C, et al. Domain-specific many-core computing using spin-based memory[J]. IEEE Transactions on Nanotechnology, 2014, 13(5): 881-894.

[81] Wang B, Wu B, Li D, et al. Exploring hybrid memory for GPU energy efficiency through software-hardware co-design[C]//Proceedings of the 22nd International Conference on Parallel Architectures and Compilation Techniques. Piscataway NJ: IEEE, 2013: 93-102.

[82] Mangalagiri P, Sarpatwari K, Yanamandra A, et al. A low-power phase change memory based hybrid cache architecture[C]//Proceedings of the 18th ACM Great Lakes Symposium on VLSI. New York: ACM, 2008: 395-398.

[83] Joo Y, Niu D, Dong X Y, et al. Energy and endurance-aware design of phase change memory caches[C]//Proceedings of the Conf on Design, Automation and Test in Europe(DATE). Belgium: European Design and Automation Association, 2010: 136-141.

[84] Guo S C, Liu Z Y, Wang D S, et al. Wear-resistant hybrid cache architecture with phase change memory[C]//Proceedings of 2012 IEEE 7th International Conference on Networking, Architecture and Storage(NAS). Piscataway NJ: IEEE, 2012: 268-272.

[85] Venkatesan R, Kozhikkottu V. Augustine C, et al. TapeCache: a high density, energy efficient cache based on domain wall memory[C]//Proceedings of the 2012 ACM/IEEE International Symposium on Low Power Electronics and Design(ISLPED 2012). New York: ACM, 2012: 185-190.

[86] Zhao W, Zhang Y, Trinh H, et al. Magnetic domain-wall racetrack memory for high density and fast data storage[C]//Proceedings of 2012 IEEE 11th International Conference on

Solid-State and Integrated Circuit Technology(ICSICT). Piscataway NJ: IEEE, 2012: 1-4.

[87] Sun Z Y, Wu W Q, Li H. Cross-layer racetrack memory design for ultra high density and low power consumption[C]//Proceedings of 2013 50th ACM/EDAC/IEEE Design Automation Conference(DAC). Piscataway NJ: IEEE, 2013: 1-6.

[88] Venkatesan R, Sharad M, Roy K, et al. DWM-TAPESTRI-an energy efficient all-spin cache using domain wall shift based writes[C]//Proceedings of the Conference on Design, Automation and Test in Europe(DATE). CA: EDA Consortium, 2013: 1825-1830.

[89] Sharad M, Venkatesan R, Raghunathan A, et al. Multi-level magnetic RAM using domain wall shift for energy-efficient, high-density caches[C]//Proceedings of 2013 IEEE International Symposium on Low Power Electronics and Design(ISLPED). Piscataway NJ: IEEE, 2013: 64-69.

[90] Sun Z Y, Bi X Y, Wu W Q, et al. Array organization and data management exploration in racetrack memory[J]. IEEE Transactions on Computers, 2014: 1-14.

[91] Venkatesan R, Ramasubramanian S G, Venkataramani S, et al. STAG: spintronic-tape architecture for GPGPU cache hierarchies[C]//Proceedings of 2014 ACM/IEEE 41st International Symposium on Computer Architecture(ISCA). Piscataway NJ: IEEE, 2014: 253-264.

[92] Mao M, Wen W, Zhang Y, et al. Exploration of GPU register file architecture using domain-wall-shift-write based racetrack memory[C]//Proceedings of the 51st Annual Design Automation Conference. New York: ACM, 2014: 1-6.

[93] Qureshi M K, Franceschini J K M, et al. Enhancing lifetime and security of PCM-based main memory with start-gap wear leveling[C]//Proceedings of the 42nd Annual IEEE/ACM International Symposium on Microarchitecture. New York: ACM, 2009: 14-23.

[94] Zhao M Y, Lei J, Zhang Y T, et al. SLC-enabled wear leveling for MLC PCM considering process variation[C]//Proceedings of the 51st Annual Design Automation Conference (DAC). New York: ACM, 2014: 1-6.

[95] Hoda A, Yuan X, Yang C M, et al. Prolonging PCM lifetime through energy-efficient, segment-aware, and wear-resistant page allocation[C]//Proceedings of the 2014 International Symposium on Low Power Electronics and Design. New York: ACM, 2014: 327-330.

[96] Asadinia M, Arjomand M, Azad H S. Prolonging lifetime of PCM-based main memories through on-demand page pairing[J]. ACM Transactions on Design Automation of Electronic Systems(TODAES), 2015, 20(2): 1-23.

[97] Jokar M R, Arjomand M, Sarbazi-Azad H. Sequoia: a high-endurance NVM-based cache architecture[J]. IEEE Transactions on Very Large Scale Integration(VLSI) Systems, 2016, 24(3): 954-967.

[98] Mittal S, Vetter J S. EqualWrites: reducing intra-set write variations for enhancing lifetime of non-volatile caches[J]. IEEE Transactions on Very Large Scale Integration(VLSI) Systems, 2015, 24(1): 103-114.

[99] Mittal S, Vetter J S. AYUSH: a technique for extending lifetime of SRAM-NVM hybrid caches[J]. IEEE Computer Architecture Letters, 2015, 14(2): 115-118.

[100] Lin I C, Chiou J N. High-endurance hybrid cache design in CMP architecture with cache partitioning and access-aware policies[J]. IEEE Transactions on Very Large Scale Integration(VLSI) Systems, 2015, 23(10): 2149-2161.

第3章　基于分区技术的缓存功耗优化

近十年来,片上多核处理器因拥有高性能和高吞吐量的优势而被广泛地应用于不同的系统平台,如嵌入式系统、移动设备、桌面电脑和云服务器等。在不久的将来,片上多核处理器将有望继续使用下去[1]。目前,处理器芯片设计的首要目标逐渐从获取最高性能转为性能与功耗的最佳平衡[2]。片上缓存在处理器和内存之间扮演着重要的角色,是缓解"存储墙"问题的关键部件。随着处理器芯片集成的核心越来越多,片上缓存的容量也能设计的越来越大,以满足日益增长的访问带宽需求。例如,现代桌面处理器缓存通常设计为8MB,而服务器系统的缓存则高达24～32MB[2～4]。在处理器芯片的整体功耗预算中,传统基于SRAM的缓存技术的漏电功耗问题越来越严重[5]。因此,传统缓存的漏电功耗仍然是值得深入研究的问题。

针对传统缓存存在的问题,已有研究方案的优化目标比较单一,一些研究者探索了功耗优化的方法。例如,文献[6]～[8]通过电路技术关闭缓存块来减少漏电功耗。在此基础上,文献[9]～[11]通过门控技术[6]关闭未使用的缓存分区,文献[9]在关闭缓存分区时考虑了缓存块的迁移机制,然而这些方法会带来额外的迁移开销并损失系统的性能。还有一些研究者探讨了使用分区技术优化缓存的性能[12～16],例如文献[12]提出将缓存分为引用缓存列表和未引用缓存列表,然后设计对应的缓存管理策略维护这两部分缓存的大小。文献[13]提出将共享缓存合理地分配给多个应用程序以提升系统的性能。这些方法均未考虑缓存功耗的优化。面对当前技术的发展形势,缓存优化方法需要同时兼顾功耗和性能。当然,目前也有研究者探索嵌入式DRAM[17,18]和非易失性存储技术[19~22]取代传统 SRAM 缓存，这些新技术的广泛使用还需要时间的检验，传统缓存的功耗和性能优化仍然是一个值得深入探讨的问题。

针对这种情况，本章提出一种复用局部性感知的缓存分区方法（reuse locality aware cache partitioning scheme，ROCA）。该方法的核心思想是在缓存中以最小的缓存片段保留更多高复用局部性的缓存块。基本思路如下：首先根据缓存的访问行为确定合适的分区大小，然后设计复用局部性保留算法将高复用局部性的缓存块保留在缓存中，最后通过复用局部性特征指导缓存数据的分配。实验结果表明，本章提出的方法平均能够减少缓存 48.7%的功耗，同时提高 3.2%的系统性能。

本章的组织结构如下：3.1 节是研究动机，3.2 节介绍提出的ROCA 方法，3.3 节描述了实验的方法论，3.4 节分析和讨论实验结果，3.5 节是本章的小结。

3.1 研究动机

本节首先从 SPEC CPU2006[23]测试集中挑选代表性的测试程序 gobmk 和 sjeng，然后在 gem5[24]模拟器中运行，缓存配置为 2MB，单核系统，详细配置情况见 3.3.1 节。然后，分析缓存分区技术的潜在优势和消除死写块潜在的好处。

3.1.1 缓存分区技术潜在的优势

图 3.1 展示了测试程序 gobmk 和 sjeng 的性能（instruction per cycle，IPC）随缓存路数变化的情况。缓存分区大小是指缓存中活跃的路数，即在缓存组的数量保持不变的情况下关闭其余剩下的缓存路数。对于 gobmk，它的性能随着缓存分区大小从 2 路～16 路逐渐增长，随后其性能几乎不在增长，也就是说继续给 gobmk 更多的路数也不会对性

能有重大提升。我们可以认为 gobmk 的缓存分区大小为 16 路。相应的，无论缓存分区的大小怎么变，sjeng 的性能基本保持不变，因此缓存分区的大小对于 sjeng 的性能几乎没有影响。更重要的是，剩余的缓存路数将会消耗额外的漏电功耗，这将影响系统的整体功耗预算。例如，gobmk 可以关闭约 50%的缓存路数和 sjeng 可以关闭绝大多数缓存的路数，这样可以在几乎不损失性能的前提下减少大量的功耗。这促使我们探索以性能为导向的方法来决定运行时不同测试程序的缓存分区大小。

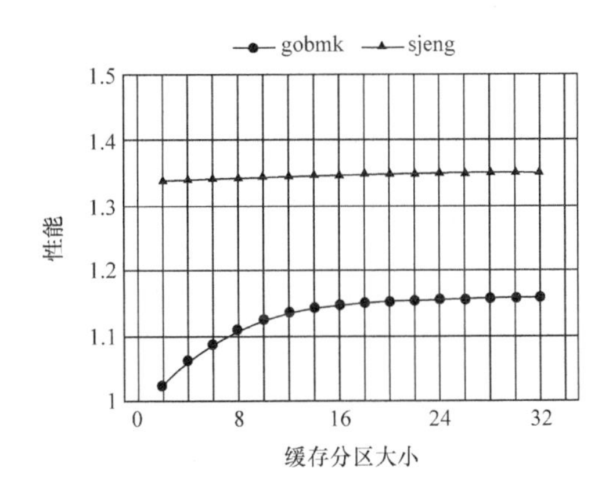

图 3.1　缓存分区大小从 2 路增到 32 路时 IPC 的变化

3.1.2　消除死写块潜在的好处

本章的优化目标是保持减少缓存功耗的同时增强系统的性能。我们发现，在缓存中存在大量的死块，即缓存块从最后一次访问到它被替换出去再未被访问过。如果缓存分区里面都存储这样的死块，那么可以在不影响性能的情况下将它们关闭以节约大量的能耗。同时，Khan 等也指出对于存储密集型测试程序，缓存中平均约有 86.2%的死块[25]。为进一步研究缓存中死块所占的比例，图 3.2 显示了现有的缓存块迁移方法(block-migration，bm)[9]和完美消除缓存中死块的归一化功耗对比情况。其中死块是通过 trace 分析得出。缓存块迁移方法能够平均减少 41.7％的功耗，而完美消除死块将能平均减少功耗达 62.5％。然而，完美消除缓存块是不可能的，因为消除他们时需要确保缓存的命中率不下降。这促使我们探索以能耗为导向的缓存分区技术和缓存数据分配技术。

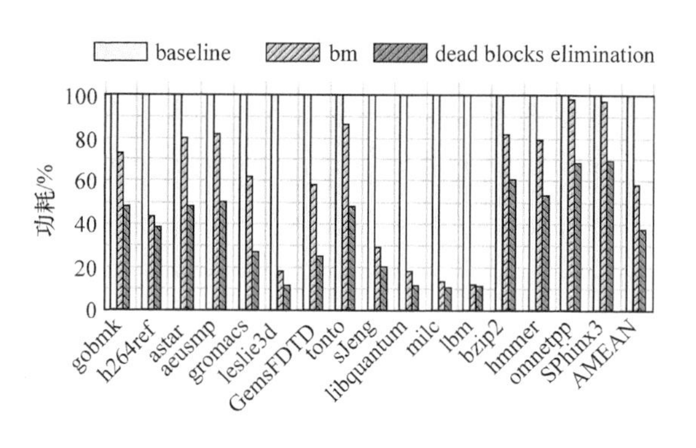

图 3.2　归一化的缓存功耗对比情况

综上所述，消除缓存中的死块能减少功耗。然而，现有的一些缓存分区方法专注于功耗优化，却引起了性能的损失[9,11]。另一些方法专注于性能优化却未考虑能耗的问题[13,14]。为此，综合考虑功耗和性能的整体优化是非常有必要的。

3.2　复用局部性感知的缓存分区方法

本节详细介绍 ROCA 方法的设计。首先，概述缓存的体系结构框架，介绍缓存分区大小的选择方法。然后，介绍提出的复用局部性感知算法管理缓存。最后，介绍复用局部性指导缓存数据分配策略。

3.2.1　整体框架

图 3.3 显示了缓存体系结构的整体框架。ROCA 方法包括缓存分区大小的选择和缓存的块数据分配两部分。每个缓存组被分为活跃分区和非活跃分区(dead portion)。活跃分区将存储高复用局部性的缓存

块,而非活跃分区将存储死块。对于给定的测试程序,ROCA将维护缓存分区的大小,每个缓存块增加一个位来维护其状态,如果待访问的缓存块被预测为活跃块,那么这个位就是设置为1,反之设置为0。该框架和LLC同步工作,ROCA决定缓存分区的时机,如果满足分区条件,则根据缓存之前的一系列访问行为来计算和调整分区大小。同时,缓存数据分配器也将检测待写入缓存块的状态,然后决定如何分配该数据,如分配给活跃分区或者绕过LLC。

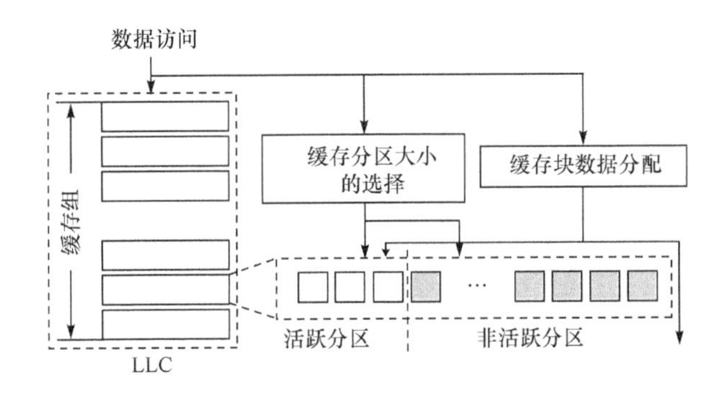

图3.3　整体框架概览

3.2.2　缓存分区大小的选择

事实上,在传统的最近最少使用算法(least recently used,LRU)管理的缓存中,缓存的访问行为已经表现出局部性和聚集分布的特点。例如,高时间局部性缓存块都集中在MRU(most recently used)端。LRU就是利用这个特点减少缓存缺失率的。根据缓存访问的分布将缓存分区是合理的。考虑这些,设计一个低开销高性能的缓存分区机制是非常必要的。为此我们从文献[9],[13]扩展缓存分区方法。本章方法和它们的不同之处在于,文献[13]在多核系统中将缓存的路数分配给不同的测试程序,而本章将缓存的路数分配给活跃块和死块。更重要的是,本章将使用复用局部性算法管理缓存。

为了预测缓存分区的大小,ROCA使用了缓存抽样技术[25]。

图 3.4 展示了抽样缓存组[①]的结构，追踪缓存每路的命中次数和整体缺失次数的，其中 C_1 到 C_n 是命中计数器，C_{n+1} 是整体缺失计数器。如果一次访问命中缓存的第 k 路，那么对应的计数器 C_k 加 1，并且它的排序计数器 R_k 将更新为 0(即在 MRU 端)，其他剩余的排序计数器都加 1。相反，抽样缓存组的一次访问缺失将使计数器 C_{n+1} 增加 1。我们根据排序计数器的值重新组织 C_k，并命名为$\{HC_1, HC_2, \cdots, HC_n\}$，即 HC_1 对应于最小排序计数器 R_k 的计数器 C_k。最近经常访问的部分集中在 MRU，不经常访问的集中在 LRU。这样可以计算多少个缓存路数需要被开启，假设hit_ratio_k 表示 k 路缓存开启时的命中率，即

$$hit\_ratio_k = \frac{\sum_{i=1}^{k} HC_i}{\sum_{j=1}^{n} HC_j + C_{n+1}}, \quad 1 \leqslant k \leqslant n \tag{3.1}$$

其中，n 为缓存的路数。

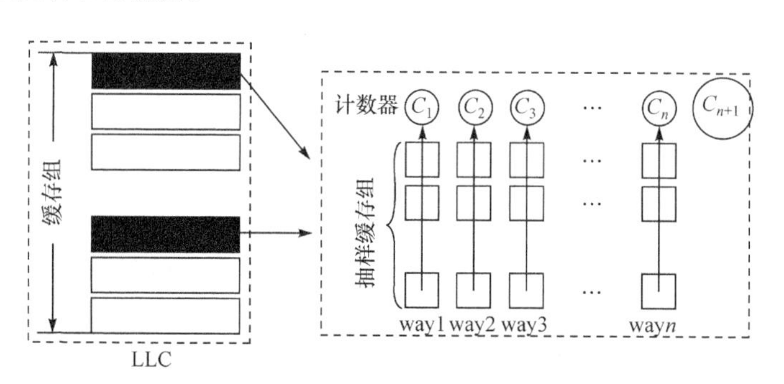

图 3.4　抽样缓存组的结构

由此可知，hit_ratio_k 随着 k 单调递增。

为了更加清晰的理解该公式，假设抽样缓存是 4 路组相连的，有 100 次缓存访问，其中 25 次访问缺失($C_5=25$)，重新组织后的命中计数器分别为 $HC_1=35$，$HC_2=25$，$HC_3=15$，$HC_4=0$。当缓存分区大小从 1 路变为 3 路时，缓存的命中率增加 75%。增加到 4 路时，缓存的命中

① 文献[26]指出抽样缓存组的大小设置为 32 个时已经足够评价缓存的整体性能。

率依然为75%。因此,缓存分区大小为3,过大的缓存并不能带来性能的提升。通过这个简单的例子,可以看出缓存分区大小应该选择能保持最大命中率的最小的缓存路数。

抽样缓存组一直工作在n路,对于抽样缓存组,应该选择对命中率贡献最大的k路,因此这是一个缓存命中率和路数k之间的一种权衡问题。这个优化问题可以采用参数μ进行约束,即

$$\text{hit\_ratio}_n - \text{hit\_ratio}_k \leqslant \mu \tag{3.2}$$

例如,随着更多的路数加入(k不断增长),直到k路的命中率逐渐接近整体的命中率时停止。也就是说,保持增加路数,直到命中率的增加变得非常微小时,k为缓存分区的大小。这一过程保证了缓存拥有最小的缓存路数时性能不损失。当缓存分区后,计数器C_1到C_{n+1}的值减半,这既可以保留过去程序片段的特性,又能继续记录未来的访问信息,且计数器的开销变小。

图3.5显示了程序执行过程中缓存分区的时间点,其中p_1到p_n为缓存分区的时间点。缓存分区的间隔为1000万个周期。在每个分区点p_n,将通过抽样缓存组中的计数器信息计算缓存分区大小,然后通过门控技术调整缓存分区。活跃分区和非活跃分区显示出来。非活跃分区中的活跃块将写回到主存,然后通过门控技术将非活跃分区关闭。所有缓存组的门控技术结构如图3.6所示,1和0表示门控的开和关。所有缓存组的每一路i都有一个供电模块,这样假设本章的LLC采用32个电源域。由于门控晶体管的转换延迟为2个周期,且缓存分区的间隔周期非常长,因此门控技术几乎不影响测试程序的运行性能。

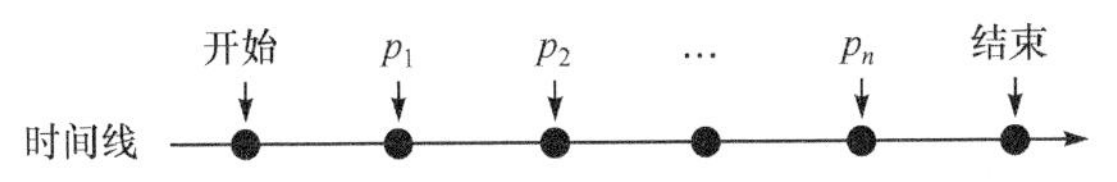

图3.5　程序执行过程中缓存分区的时间点

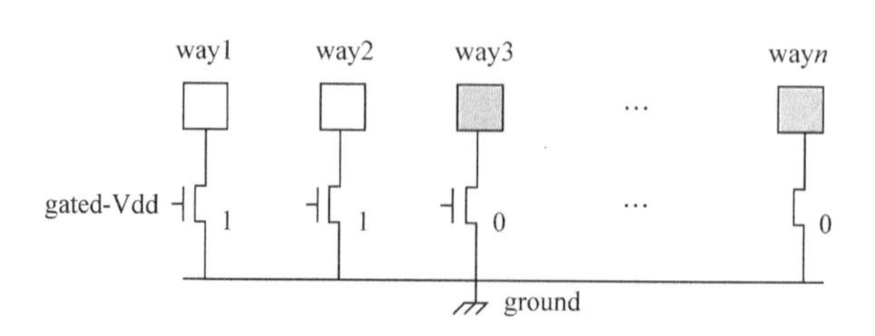

图 3.6　所有缓存组的门控技术结构

3.2.3　复用局部性缓存块保留算法

首先展示每个缓存组的组织结构，如图 3.7 所示。它描述了缓存访问的命中和缺失行为，增加了一个额外的位表示缓存块是否复用。1 表示复用缓存块，0 表示非复用缓存块。缓存组的访问过程是，当一个缓存块被命中时，它将被移动到缓存组的头部且复用位设置为 1。当访问一个缓存块缺失时，该缓存块将被插入到第一个非复用缓存块的位置，对应的复用位设置为 0，并从缓存尾部选择替换块。当测试程序运行较长时间后，复用局部性高的缓存块将被保留在头部，而其他的则保留在尾部。

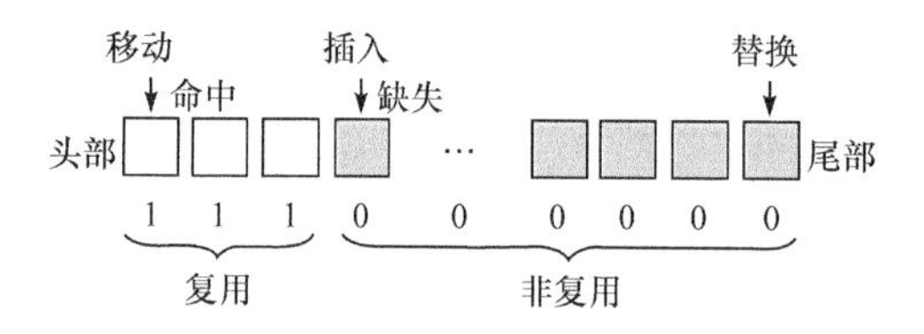

图 3.7　一个缓存组中复用缓存块的访问与分布

为了提升缓存的性能，设计复用局部性缓存块保留算法（reuse locality reservation algorithm，RLR）作为默认的缓存管理策略。该方法的灵感来自最近未使用算法（not recently used，NRU）[27] 和最近未复用算法（not recently reused，NRR）[28]。RLR 算法的实现开销是每个缓存组需要 $n+n\log_2 n$ 个位，其中 n 个复用位和 $n\log_2 n$ 个计数器位维护缓存块的位置。RLR 和 NRU 的不同之处在于，RLR 根据缓存命中来设置复用位，而 NRU 不管缓存命中还是缺失均会设置使用位。RLR 和 NRR 有两点不同。

① NRR 专注于相容性缓存架构且需要私有缓存的信息，而 RLR 是一种通用算法，可以适用于任何缓存架构。

② 当一个缓存组中所有缓存块的 NRR 位为 0 的时候，NRR 将反转 NRR 位为 1。这一操作将丢失这些缓存块的复用局部性，RLR 会简单的从缓存的尾部选择替换块。

下面展示算法的基本流程，如图 3.8 所示。该算法主要用于将复用局部性高的缓存块保留在缓存中。对于每一次缓存访问，如果待访问的缓存块 b 命中，那么将 b 移动到当前缓存组的头部并将其复用位设置为 1(第 1 行到第 4 行)。如果待访问的缓存块 b 缺失，则从当前缓存组的尾部选择一个替换块，然后从头部到尾部搜索第一个复用位为 0 的缓存块(第 5 行到第 7 行)。如果找到，则插入缓存块 b 并将其复用位设置为 0；否则，将 b 插入到缓存组的尾部并设置其复用位为 0(第 8 行到第 14 行)。

```
输入：   一系列缓存访问 aBlocks
  1：    FOR 每一次缓存访问 a_i 在 aBlocks 中 DO
  2：        IF 访问的缓存块 b 命中 THEN
  3：            将 b 移动到当前缓存组的头部；
  4：            将 b 的复用位设置为 1；
  5：        ELSE IF 访问的缓存 b 缺失 THEN
  6：            从当前缓存组的尾部选择一个替换块；
  7：            从头部到尾部搜索第一个复用位为 0 的缓存块；
  8：            IF 找到该缓存块 THEN
  9：                插入缓存块 b；
 10：                设置缓存块 b 的复用位为 0；
 11：            ELSE
```

```
12:                将缓存块 b 插入到缓存组的尾部;
13:                设置缓存块 b 的复用位为 0;
14:            END IF
15:        END IF
16:    END FOR
```

图 3.8　复用局部性缓存块保留算法

为了更加清晰的理解 RLR 算法的执行过程，图 3.9 通过一个示例对比 NRU 和 RLR 算法的效果。假设缓存是四路全相连的，a_1、a_2 和 b_1 等表示缓存块，并且 a_1、a_2、a_2、a_1、b_1 等表示一系列的缓存循环访问流。

访问模式:$(a_1,a_2,a_2,a_1)(b_1,b_2,b_3,b_4)(a_4,a_2,\cdots)$

访问流	(a) NRU 缓存块	(a) NRU 使用位	(a) NRU 结果	(b) RLR 缓存块	(b) RLR 复用位	(b) RLR 结果
a_1	I I I I	0 0 0 0	缺失	I I I I	0 0 0 0	缺失
a_2	a_1 I I I	1 0 0 0	缺失	a_1 I I I	0 0 0 0	缺失
a_2	a_1 a_2 I I	1 1 0 0	命中	a_2 a_1 I I	0 0 0 0	命中
a_1	a_1 a_2 I I	1 1 0 0	命中	a_2 a_1 I I	1 0 0 0	命中
b_1	a_1 a_2 I I	1 1 0 0	缺失	a_1 a_2 I I	1 1 0 0	缺失
b_2	a_1 a_2 b_1 I	1 1 1 0	缺失	a_1 a_2 b_1 I	1 1 0 0	缺失
b_3	a_1 a_2 b_1 b_2	1 1 1 1	缺失	a_1 a_2 b_2 b_1	1 1 0 0	缺失
b_4	b_3 a_2 b_1 b_2	1 0 0 0	缺失	a_1 a_2 b_3 b_4	1 1 0 0	缺失
a_1	b_3 b_4 b_1 b_2	1 1 0 0	缺失	a_1 a_2 b_4 b_3	1 1 0 0	命中
a_2	b_3 b_4 a_1 b_2	1 1 1 0	缺失	a_1 a_2 b_4 b_3	1 1 0 0	命中
⋮	b_3 b_4 a_1 b_2	1 1 1 1		a_2 a_1 b_4 b_3	1 1 0 0	

图 3.9　RLR 算法和 NRU 算法的对比示例

对于 NRU 算法，0 和 1 分别表示未使用的位和使用的位，类似的，对于 RLR 算法，0 和 1 分别表示未复用位和复用位。根据 RLR 算法和 NRU 算法的思想，缓存单元在经过多次访问后，从图 3.9 可以看出，在 NRU 算法下，仅有两次缓存访问命中，而优化后的 RLR 算法有四次缓存访问命中。缓存访问的命中率提升了一倍，这是因为 RLR 算法能在缓存中保留更多复用局部性高的缓存块。

还有一点需要注意，如果活跃分区增大时，从非活跃分区加入的死块将被当做后备替换块；相反，如果非活跃分区增大时，为了关闭非活跃分区，新添加的少量活跃块将写回到主存。

3.2.4　复用局部性指导数据分配

图 3.10 展示了复用局部性预测器(reuse locality predictor，RLP)的架构。它用于指导缓存块数据分配(block placement，BP)。复用局部性预测器由抽样缓存组和预测表组成。抽样缓存组记录缓存的访问行为，其中缓存块包含有效位 V、标记 Tag、程序计数器 PC 和复用位 R。复用局部性预测器是一个基于 PC 的预测器，即每个缓存块都与指令地址相关联。这意味着如果一个缓存块的访问是由一个 PC 引起的，那么在未来的缓存访问中，如果一个缓存块也由相同的 PC 触发的，那

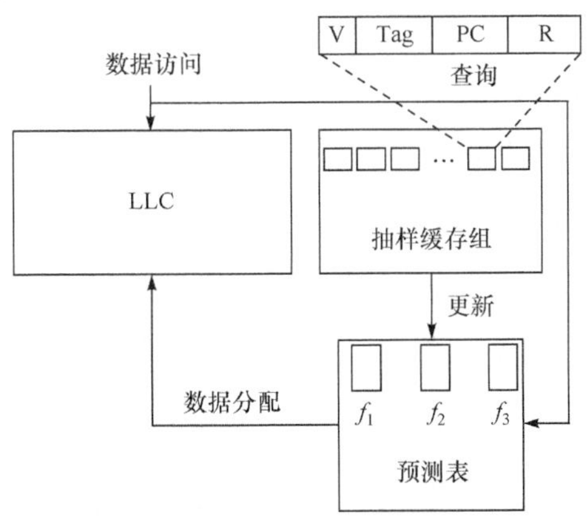

图 3.10　复用局部性预测器的架构

么它们将拥有相似的访问行为[9,22,25]。为了追踪指令地址，二级缓存和LLC将配有PC域，每次缓存访问都会更新这个域。对于PC值的传输，我们假设用一个周期复用旧的总线，也就是说，当访问缓存时，在第一个周期传输数据和地址，然后在第二个周期传输触发本次访问的PC值。预测表由三个数组组成，每个数组是由4096个入口的2位饱和计数器构成。它们的索引是由三个哈希函数 f_1、f_2 和 f_3 构成。

对于预测表的更新，当一次访问命中抽样缓存组中的缓存块时，根据该缓存块的PC值和哈希函数查询对应的计数器并将值加1；反之，当缓存块 A 因访问缺失载入抽样缓存组时，将把缓存块 B（最近未复用）替换出去。B 对应的计数器将减1。这样缓存块的复用局部性可以定义为

$$\text{confidence}=\text{sc1}+\text{sc2}+\text{sc3} \tag{3.3}$$

其中，sc1、sc2和sc3表示由 f_1(PC)、f_2(PC)和 f_3(PC)索引的饱和计数器。

因此，复用局部性缓存块可以通过比较confidence和阈值 t，即

$$\text{block}_{\text{status}}=\begin{cases}1, & \text{confidence}\geqslant t\\ 0, & \text{confidence}<t\end{cases} \tag{3.4}$$

对于每次访问LLC，如果命中，待访问的缓存块一定在活跃区域，因为非活跃区域已经关闭，故直接访问该缓存块；相反，如果访问缺失时，将载入新缓存块，这时会查询预测表中该块的状态。如果 $\text{block}_{\text{status}}=1$，表示待载入的缓存块具有高复用局部性，应该载入到活跃区域；否者，该块绕过LLC而不损失性能。

总的来说，复用局部性预测器和死写预测器[25]有如下不同之处。

① 复用局部性预测器使用RLR保留高复用局部性的缓存块到缓存组中，而死写预测器使用默认的缓存管理策略。

② 复用局部性预测器考虑每次缓存访问的命中和缺失行为，而死写预测器并不区分缓存命中和缺失。

3.3 实验评估方法

本节首先介绍实验环境的设置，然后介绍测试程序的选取及其特点，最后给出实验的评价标准。

3.3.1 实验设置

本章的方法是在 gem5[24]模拟器上实现的。表 3.1 显示了目标平台的详细配置信息。处理器模拟了单核、四核和十六核三种情况。参数 μ 设为 0.4%，参数 t 设为 8[25]。缓存分区大小是每隔 1000 万个周期调整一次。当缓存第一次分区后，预测表在此期间初始化，同时复用局部性预测器也启动指导缓存数据的分配。

表 3.1 目标平台的参数配置

参数	配置
处理器	主频为 2GHz，ALPHA 架构
一级缓存	私有缓存，指令数据缓存为 32KB，8 路组相连，LRU，读写为 2 个周期，缓存块大小为 64B
二级缓存	私有缓存，缓存大小为 256KB，8 路组相连，LRU，读写为 8 个周期，缓存块大小为 64B
最后一级缓存	共享缓存，缓存大小为 2MB/核，32 路组相连，LRU，读写为 36 个周期，缓存块大小为 64B
主存	大小为 4GB，8 个块，读写为 200 个周期

为了评估缓存的功耗，在 32nm 工艺下，从修改过的 CACTI[29]模型中获取不同硬件结构的功耗。对于单核 2MB、四核 8MB 和十六核 32MB 的 LLC，每次访问的功耗为 0.35nJ、0.41nJ 和 0.55nJ，漏电功耗为 19.95mW、42.04mW 和 129.9mW。抽样缓存组的每次访问功耗为 0.011nJ，预测表的每次访问功耗为 0.00282nJ，主存每次的访问功耗为 10.1nJ。访问的次数和周期数都是从 gem5 中获取的。

为了评价本章方法的有效性，选取缓存块迁移方法[9]和以性能为导向的读写分区方法[14]进行对比。bm 的主要思想是将缓存块从待关闭的分区中迁移到活跃分区。RWP 是通过动态地将缓存分为干净分区和脏分区来减少缓存读缺失。

3.3.2 实验测试集的选取

对于单线程和多道程序的测试集是从 SPEC CPU2006[23] 中选取的，每个测试程序都快速执行由 SimPoint[30] 工具鉴别出的模拟点，使用 reference 输入，然后运行具有代表性的 10 亿条指令。对于四核系统，我们构造 12 种测试程序组合，如表 3.2 所示，多道程序总共运行 40 亿条指令。多线程测试程序是从 PARSEC[31] 中选取的。这些测试程序覆盖了金融分析、计算机视觉等多个领域。对于十六核系统，测试程序运行 16 线程并使用 simlarge 作为输入，然后测试程序快速执行到感兴趣的区域，运行 2 亿条指令。

表 3.2　SPEC CPU2006 中的测试程序组合

组合	工作负载
mix1	gobmk, h264ref, astar, zeusmp
mix2	gromacs, leslie3d, GemsFDTD, tonto
mix3	gobmk, astar, gromacs, GemsFDTD
mix4	h264ref, zeusmp, leslie3d, tonto
mix5	gobmk, h264ref, sphinx3, omnetpp
mix6	astar, zeusmp, hmmer, bzip2
mix7	gromacs, leslie3d, lbm, milc
mix8	GemsFDTD, tonto, libquantum, sjeng
mix9	sjeng, libquantum, milc, lbm
mix10	bzip2, hmmer, omnetpp, sphinx3
mix11	sjeng, milc, bzip2, omnetpp
mix12	libquantum, lbm, hmmer, sphinx3

3.3.3　实验评价标准

本章使用加速比(speedup)评价多道程序和多线程程序的性能。计算公式为$\sum(\mathrm{IPC}_i/\mathrm{SingleIPC}_i)$，其中 $\mathrm{SingleIPC}_i$ 是指第 i 个程序单独执行时的 IPC，IPC_i 是指第 i 个程序与其他程序一起执行时的 IPC。

整体的功耗是由活跃部分的功耗和动态功耗组成，即

$$E_{\mathrm{total}}=E_{\mathrm{active}}+E_{\mathrm{dyn}} \tag{3.5}$$

$$E_{\mathrm{active}}=E_{\mathrm{LLC\_on}}+E_{\mathrm{sampler}}+E_{\mathrm{predictor}}+E_{\mathrm{dyn\_miss}}+E_{\mathrm{dyn\_wb}} \tag{3.6}$$

其中，$E_{\mathrm{LLC_on}}$是指 LLC 活跃分区的漏电功耗；E_{sampler}是指抽样缓存组的功耗；$E_{\mathrm{predictor}}$是指预测器的功耗；$E_{\mathrm{dyn_miss}}$是指额外的访问 LLC 缺失产生的动态功耗；$E_{\mathrm{dyn_wb}}$是指额外的写回操作产生的动态功耗。

当测试程序运行结束后，总的功耗将归一化到传统未优化缓存 LLC 的总功耗。

3.4　实验结果与分析

本节首先从单线程工作负载、多道程序工作负载和多线程工作负载等方面分析实验结果，然后讨论该方法的效果，最后分析其开销。

3.4.1　单线程工作负载

图 3.11 展示了功耗和性能的归一化对比情况。与基准配置对比，ROCA 方法在没有结合缓存块数据分配方法时，平均降低 43.6%的功耗，与数据分配方法结合(ROCA+BP)后能平均节约 48.7%的功耗，因为 LLC 的许多路数都被关闭了，且数据分配的效果更加显著。bm 和 RWP 方法能平均减少 41.7%和 2.9%的功耗。注意到，RWP 方法减少的功耗非常小，因为 RWP 方法未优化缓存的功耗，还有一个有趣的

发现是 libquantum、milc 和 lbm 等测试程序能减少功耗高达 99.4%，且不损失性能。因为这些测试程序的工作负载非常大，它不能适应任何尺寸的 LLC，这样不管 LLC 容量大，还是小都不会影响性能。对于 gromacs 程序，bm 方法使最后一级缓存中有许多路数都是活跃的，本章提出的方法使缓存中有少量的路数是活跃的，且能提升性能。因为本章考虑应用程序的复用局部性和缓存的访问行为。总之，ROCA 方法从整体上来看，能大幅度减少缓存的功耗。

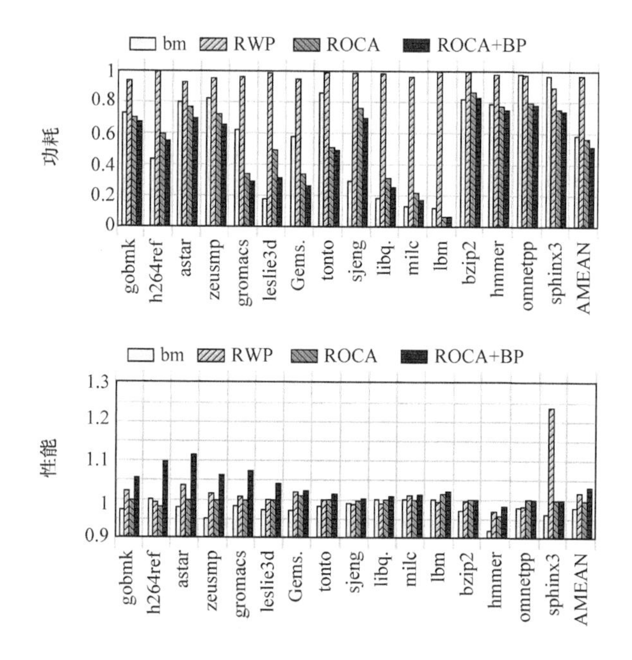

图 3.11 单线程工作负载下的归一化功耗和性能对比

除此之外，ROCA+BP 方法还能平均提升 3.2%的系统整体性能。即使不结合数据分配方法，系统性能也几乎没有损失。这是因为 RLR 算法能保留大多数复用局部性高的缓存块到活跃分区，这样关闭非活跃分区不会影响性能。然而，bm 方法平均损失 2.26%的性能，因为有缓存块迁移开销和已迁移的缓存块复用率低的劣势。RWP 方法能提升 1.7%的性能。综合考虑功耗和性能，对缓存分区敏感的测试程序能同时减少功耗和提升性能(如 astar 提升提升高达 11.3%)。大体上看，节约功耗的效果非常显著。这是因为复用局部性高的缓存块被保留在缓存中,且未使用的路数被有效的关闭了。

3.4.2 多道程序工作负载

本节通过多道程序工作负载评估所提出的方法。图 3.12 展示了四种测试程序组合的归一化功耗和性能对比。显然,所提出的方法对所有组合情形均能减少功耗。例如,对于 mix9,与基准配置相比,所提出的方法能节约功耗高达 87.5%。这是因为所提出的方法仅访问 4 路缓存,其余路数均被关闭。从平均上看,与 bm 方法对比,ROCA 和 ROCA+BP 方法能节约 2.9%和 5.1%的功耗。与 RWP 方法对比,ROCA 和 ROCA+BP 方法能节约 39.2%和 41.3%的功耗。这是因为提出的方法能以最小的活跃分区保留复用局部性高的缓存块在 LLC 中。同时,节约功耗和性能提升不能同时最大化,这是因为本章优化的前提是,在不损失系统性能的前提下关闭非活跃分区以节约功耗。这样能获取较好的功耗和性能的平衡。

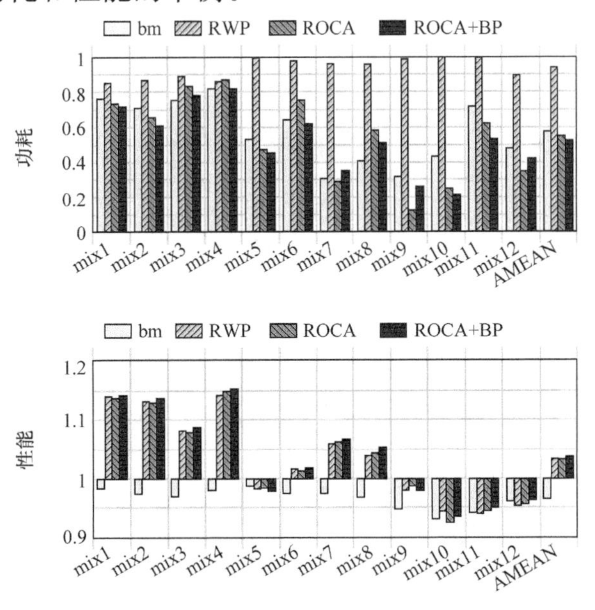

图 3.12 四种测试程序组合的归一化功耗和性能对比

从图 3.12 可以看出，bm 方法的性能相对较差。这是因为该方法的缓存块迁移开销会损失性能。本章提出的方法能平均提升 6.8%和 7.2%的性能。RWP 仅能提升 3.6%性能。本章的方法能提升性能的主要原因是 RLR 算法和缓存数据分配策略。高复用局部性的缓存块被保留在 LLC，并且应用程序仅需要访问 LLC 活跃分区中的缓存块。

3.4.3 多线程工作负载

本节在多线程工作负载下对比了本章提出的方法与现有方法的功耗和性能，如图 3.13 所示。很明显，ROCA 和 ROCA+BP 比 bm 方法的功耗平均减少了 2.89%和 3.78%。同时，本章的方法比 RWP 方法平均减少 46.95%和 47.84%的功耗。对于测试程序的工作负载相对较大(如 dedup-256MB 和 ferret-64MB)的功耗减少较小，而测试程序的工作负载相对较小(如 blackscholes-2MB)的功耗减少非常大。这是因为小的工作负载只需要开启小部分缓存即可，剩下的部分可以关闭以降

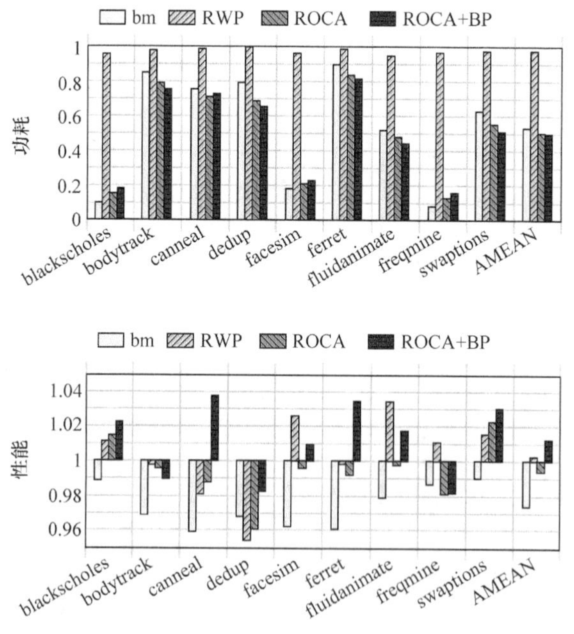

图 3.13　多线程测试程序的归一化功耗和性能对比

低功耗，而大的工作负载将几乎占据整个缓存。同时，我们发现现有方案的性能没有本章方法高效。具体来说，本章方法相比 bm 方法平均提升 2.1%和 3.8%的性能。这个提升效果主要原因是 bm 方法采用的 LRU 缓存管理方法效率较低。RWP 相对于基准配置平均提升了 0.34%的性能。

3.4.4 讨论与分析

从实验结果中可以看出，对于大多数测试程序，本章方法都能减少功耗和提升系统性能；对于一些测试程序，本章方法表现一般；对于少量测试程序本章方法不够好，如 hmmer 测试程序，性能有所下降。下面探讨本章方法的有效性。

1. 缓存分区大小预测的准确性

本章方法能获得较好的能效和性能，其中一个关键因素是依赖于缓存分区大小预测的准确性。只要预测的足够准确，本章方法将能极大地减少功耗。另一方面，如果预测不准确可能会引起缓存访问缺失，损失性能并带来额外的动态功耗。因此，需要尽可能保证预测的准确性。

预测的准确性定义为预测器预测的结果和静态分析的结果之间的差别，如果结果一样，那么这次预测是正确的，反之则是一次错误预测。本章方法在每次分区的时候都会和静态分析的结果进行对比，预测的准确性就是这个匹配率。图 3.14 展示了这些测试集下本章方法的准确性，平均约为 92.4%。虽然有一些测试集(bzip2 和 hmmer)的效果不是特别好，本章的方法却依然能够减少功耗。

2. RLR 算法的效果分析

本章方法的另一个优势是 RLR 算法的效果比 LRU 的好，前文讨

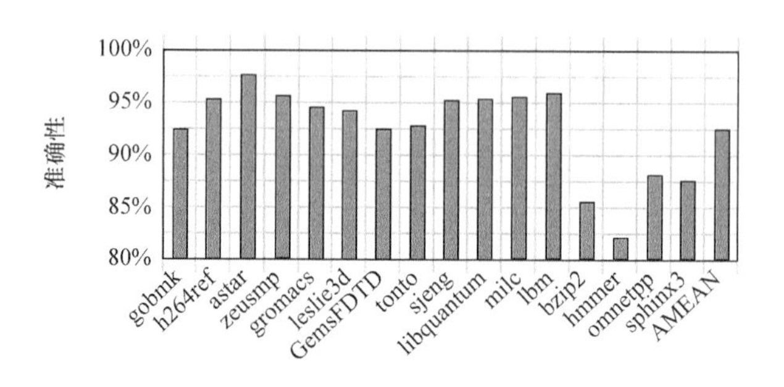

图 3.14　缓存分区大小的预测准确性

论过 RLR 方法的性能比 NRU 的要好，而文献[32]指出 NRU 和 LRU 有相同的缺失率。图 3.15 展示的实验结果也确认了 RLR 方法要优于 LRU 方法。对于大多数测试程序，RLR 能提升缓存效率。具体来说，RLR 相比于 LRU 平均提升性能为 4.5%。特别是 h264ref 和 astar 测试程序提升效果非常明显，它们能充分利用缓存中复用局部性高的缓存块。更重要的是，缓存分区预测准确性低和 RLR 效果低有一些联系，即低的预测准确性会导致 RLR 效率低下，因此会损失性能，如bzip2 和 hmmer 测试程序。

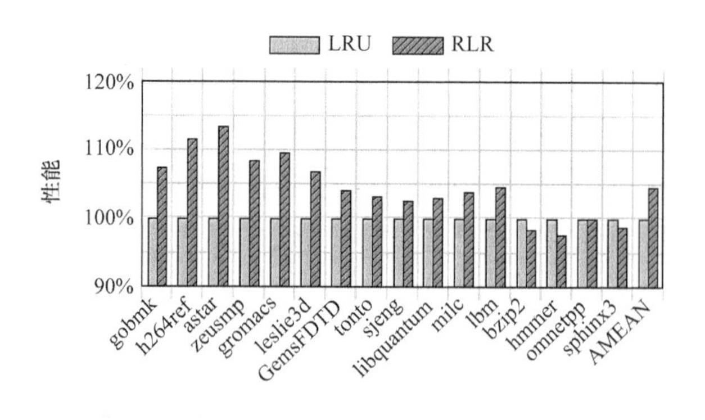

图 3.15　LRU 和 RLR 的性能对比

3. μ 的选取分析

本节讨论如何选取参数 μ 的值，μ 是用于控制适当缓存分区大小的。图 3.16 显示了系统性能随着 μ 变化的情况。本章选择 6 个不同特征的测试程序作为例子，当 μ 很小的时候，系统性能几乎都没有损失，这是因为几乎所有的路数都分配给了活跃分区，这个和没有分区几乎没有区别。另一方面，当 μ 逐渐变大时，性能迅速的开始下降，这是因为越来越多的路数被关闭，从而导致缓存访问的缺失率逐渐增加。因此，当 μ 设置为 0.4%时能取得一个可以接受的良好效果。

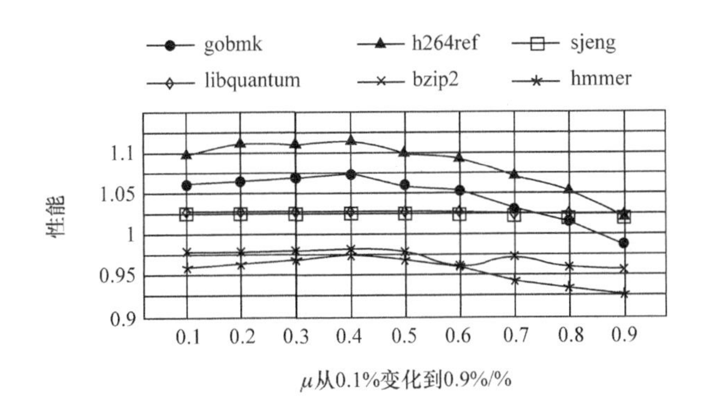

图 3.16　性能随着 μ 的变化情况

4. 复用局部性预测与时间局部性预测的比较

本节将比较复用局部性预测器和时间局部性预测器（temporal locality prediction，TLP）[9]的效果。图 3.17 显示了活跃分区中缓存块的复用率对比情况。缓存块的复用率是指缓存块被分配（RLP 方法）或迁移（TLP 方法）到活跃分区中后，在下一个周期中被至少访问一次的比率。通过分析实验结果可以发现，被 RLP 方法分配到活跃分区中的缓存块更有潜力被复用，也就是说，缓存块的利用效率提高了。从平均上看，RLP 方法的缓存块复用率为 56.5%，而 TLP 方法的缓存块复用率为 47.2%。RLP 方法的效果好的原因是它考虑用缓存块的复用行为去更新预测表，而 TLP 方法仅考虑从抽样器中选择被替换的缓存块去更新它的预测表，因此缓存块的复用效果要差一点。

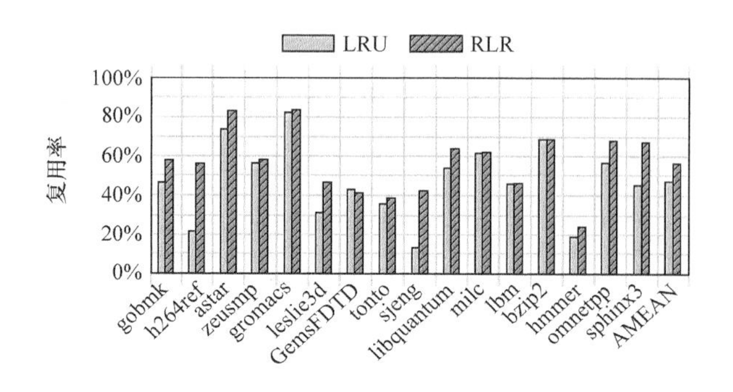

图 3.17　活跃分区中缓存块的复用率对比

3.4.5　硬件开销分析

2MB 缓存额外的硬件开销包括 32 个抽样缓存组(6.25KB)、33 个计数器(0.13KB)、预测表(3KB)、一个活跃位(4KB)和 RLR 算法的开销。对于 n 路组相连的缓存，RLR 需要 $n+n\log_2 n$ 个位来维护每个缓存块的位置。因此，RLR 需要 24KB 的开销。对于门控技术，我们假设使用 32 个电源域来控制缓存路数的开关。由于访问额外的硬件并不在关键路径上，那么它们可以用小面积的电路实现。假设硬件的实现采用了从 2× 到 3× 的集成度，相对于大容量的缓存，额外硬件的面积开销则相对较小。

3.5　本 章 小 结

本章研究了基于缓存分区技术的功耗优化方法。通过一组实验分析了缓存分区技术的好处及消除死写块的潜在好处。根据这个发现，提出一种复用局部性感知的缓存分区方法。该方法包括缓存分区大小的选择、复用局部性算法和复用局部性指导缓存数据分配。其主要作用在于尽可能的以最小的缓存分区存储复用局部性高的缓存块。实验评估结果表明，在单线程工作负载、多道程序工作负载和多线程工作负载下，提出的方法能显著的改善缓存的功耗提高性能。

参考文献

[1] Albericio J, Ibáñez P, Viñals V, et al. The reuse cache: downsizing the shared last-level cache[C]//Proceedings of the 46th Annual IEEE/ACM International Symposium on Microarchitecture. New York: ACM, 2013: 310-321.

[2] Stackhouse B, Bhimji S, Bostak C, et al. A 65nm 2-billion transistor quad-core itanium processor[J]. IEEE Journal of Solid-State Circuits, 2009, 44(1): 18-31.

[3] Riedlinger R, Arnold R, Biro L, et al. A 32nm, 3.1 billion transistor, 12 wide issue Itanium® processor for mission-critical servers[J]. IEEE Journal of Solid-State Circuits, 2012, 47(1): 177-193.

[4] Mittal S. A survey of architectural techniques for improving cache power efficiency[J]. Sustainable Computing: Informatics and Systems, 2014, 4(1): 33-43.

[5] Gammie G, Wang A, Mair H, et al. Smart reflex power and performance management technologies for 90nm, 65nm, and 45nm mobile application processors[J]. Proceedings of the IEEE, 2010, 98(2): 144-159.

[6] Powell M, Yang S H, Falsafi B, et al. Gated-Vdd: a circuit technique to reduce leakage in deep-submicron cache memories[C]//Proceedings of the 2000 International Symposium on Low Power Electronics and Design. New York: ACM, 2000: 90-95.

[7] Kaxiras S, Hu Z, Martonosi M. Cache decay: exploiting generational behavior to reduce cache leakage power[J]. ACM SIGARCH Computer Architecture News, 2001, 29(2): 240-251.

[8] Flautner K, Kim N S, Martin S, et al. Drowsy caches: simple techniques for reducing leakage power[C]//Proceedings of the 29th Annual International Symposium on Computer Architecture. Piscataway NJ: IEEE, 2002: 148-157.

[9] Kadjo D, Kim H, Gratz P, et al. Power gating with block migration in chip-multiprocessor last-level caches[C]//Proceedings of the 31st International Conference on Computer Design (ICCD). Piscataway NJ: IEEE, 2013: 93-99.

[10] Sundararajan K T, Porpodas V, Jones T M, et al. Cooperative partitioning: Energy-efficient cache partitioning for high-performance CMPs[C]//Proceedings of the 18th International Symposium on High Performance Computer Architecture (HPCA). Piscataway NJ: IEEE, 2012: 1-12.

[11] Sato M, Egawa R, Takizawa H, et al. A voting-based working set assessment scheme for dynamic cache resizing mechanisms[C]//Proceedings of the 2010 IEEE International Conference on Computer Design(ICCD). Piscataway NJ: IEEE, 2010: 98-105.

[12] Khan S M, Wang Z, Jimenez D A. Decoupled dynamic cache segmentation[C]//Proceedings of the 2012 IEEE 18th International Symposium on High Performance Computer Architecture(HPCA). Piscataway NJ: IEEE, 2012: 1-12.

[13] Qureshi M K, Patt Y N. Utility-based cache partitioning: a low-overhead, high-performance, runtime mechanism to partition shared caches[C]//Proceedings of the 39th Annual IEEE/ACM International Symposium on Microarchitecture. Piscataway NJ: IEEE, 2006: 423-432.

[14] Khan S, Alameldeen A R, Wilkerson C, et al. Improving cache performance using read-write partitioning[C]//Proceedings of the 2014 IEEE 20th International Symposium on High Performance Computer Architecture(HPCA). Piscataway NJ: IEEE, 2014: 452-463.

[15] Wang R, Chen L. Futility scaling: high-associativity cache partitioning[C]//Proceedings of the 47th Annual IEEE/ACM International Symposium on Microarchitecture. Piscataway NJ: IEEE, 2014: 356-367.

[16] Zhang W, Liu F, Fan R. Cache matching: thread scheduling to maximize data reuse[C]//Proceedings of the High Performance Computing Symposi for Computer Simulation International. New York: ACM, 2014: 7.

[17] Hameed F, Bauer L, Henkel J. Adaptive cache management for a combined sram and dram cache hierarchy for multi-cores[J]. Design, Automation & Test in Europe Conference & Exhibition(DATE), 2013: 77-82.

[18] Barth J, Plass D, Nelson E, et al. A 45nm SOI embedded DRAM macro for POWER7TM 32MB on-chip L3 cache[C]//Solid-State Circuits Conference Digest of Technical Papers (ISSCC), 2010 IEEE International. Piscataway NJ: IEEE, 2010: 342-343.

[19] Chang M T, Rosenfeld P, Lu S L, et al. Technology comparison for large last-level caches (L 3 Cs): low-leakage SRAM, low write-energy STT-RAM, and refresh-optimized eDRAM [C]//2013 IEEE 19th International Symposium on High Performance Computer Architecture(HPCA2013). Piscataway NJ: IEEE, 2013: 143-154.

[20] Xu W, Sun H, Wang X, et al. Design of last-level on-chip cache using spin-torque transfer RAM(STT RAM)[J]. IEEE Transactions on Very Large Scale Integration(VLSI) Systems, 2011, 19(3): 483-493.

[21] Wang Z, Jiménez D A, Xu C, et al. Adaptive placement and migration policy for an STT-RAM-based hybrid cache[C]//IEEE 20th International Symposium on High Performance Computer Architecture(HPCA). Piscataway NJ: IEEE, 2014: 13-24.

[22] Ahn J, Yoo S, Choi K. Dasca: dead write prediction assisted stt-ram cache architecture[C]//IEEE 20th International Symposium on High Performance Computer Architecture (HPCA). Piscataway NJ: IEEE, 2014: 25-36.

[23] Henning J L. SPEC CPU2006 benchmark descriptions[J]. ACM SIGARCH Computer Architecture News, 2006, 34(4): 1-17.

[24] Binkert N, Beckmann B, Black G, et al. The gem5 simulator[J]. ACM SIGARCH Computer Architecture News, 2011, 39(2): 1-7.

[25] Khan S M, Tian Y, Jimenez D A. Sampling dead block prediction for last-level caches[C]//Proceedings of the 2010 43rd Annual IEEE/ACM International Symposium on Microarchitecture. Piscataway NJ: IEEE, 2010: 175-186.

[26] Qureshi M K, Lynch D N, Mutlu O, et al. A case for MLP-aware cache replacement[J]. ACM SIGARCH Computer Architecture News, 2006, 34(2): 167-178.

[27] Microsyst S. Supplement to the UltraSPARC architecture 2007[R]. Draft D1. 4. 3, 2007.

[28] Albericio J, Ibánez P, Viñals V, et al. Exploiting reuse locality on inclusive shared last-level caches[J]. ACM Transactions on Architecture and Code Optimization(TACO), 2013, 9(4): 38.

[29] Muralimanohar N, Balasubramonian R, Jouppi N. Optimizing NUCA organizations and wiring alternatives for large caches with CACTI 6. 0[C]//Proceedings of the 40th Annual IEEE/ACM International Symposium on Microarchitecture. Piscataway NJ: IEEE, 2007: 3-14.

[30] Sherwood T, Perelman E, Hamerly G, et al. Automatically characterizing large scale program behavior[C]//ACM SIGARCH Computer Architecture News. New York: ACM, 2002, 30(5): 45-57.

[31] Bienia C, Kumar S, Singh J P, et al. The PARSEC benchmark suite: characterization and architectural implications[C]//Proceedings of the 17th International Conference on Parallel Architectures and Compilation Techniques. New York: ACM, 2008: 72-81.

[32] Jaleel A, Theobald K B, Steely Jr S C, et al. High performance cache replacement using re-reference interval prediction(RRIP)[C]//ACM SIGARCH Computer Architecture News. New York: ACM, 2010, 38(3): 60-71.

第4章 基于反馈学习的非易失性缓存功耗优化

在现代高性能和低功耗的计算系统中，处理器和主存之间的访问速度鸿沟逐渐成为性能提升的瓶颈。随着越来越多的核心逐渐集成到单个芯片上，多核心系统期望更大的最后一级缓存来满足其逐渐增长的访问带宽需求[1]。然而，基于传统存储技术SRAM架构的缓存已经不能满足这个需求，因为随着CMOS工艺尺寸的缩小，SRAM面临漏电功耗大和可扩展性差等问题[2,3]。

新型非易失性存储技术的出现，为架构高存储密度和低功耗的缓存提供了新的发展机遇[4~6]。STT-RAM是非常有潜力取代SRAM的新型非易失性存储技术，它具有非常吸引人的特征，如漏电功耗低、存储密度高、读取速度快和可扩展性强等特点[7,8]。然而，非易失性存储技术通常都具有相同的劣势，写延迟比较长和写功耗相对较高，这一特点会损失系统性能，增加系统访问功耗，特别是对于写频繁的工作负载[9]。为解决这一问题，许多研究者提出优化非易失性缓存写性能的方法，一些研究者提出采用STT-RAM和SRAM一起构建混合缓存架构[10~13]，充分利用STT-RAM的高存储密度、低功耗和SRAM写性能好的优点，同时避免它们各自的缺点，这样SRAM可以专门服务于写频繁的缓存块，而STT-RAM则专门服务于读访问操作。另一些研究者提出通过释放STT-RAM存储单元的非易失性来获取较好的写性能[14~18]，然而缓存块在缓存中被替换出去前需要刷新很多次来保留数据，这会产生额外的功耗开销，不适合大容量低功耗的LLC。一些研究者提出最小化缓存中的写操作，采用体系结构级方法[19~22]、位级感知方法[23~25]和编译技术指导数据分配方法[26~28]等，然而这些方法未区分写操作的特点。还有研究者提出采用死写预测的方法辅助 STT-RAM 缓存架构(dead write prediction assisted STT-RAM cache architecture, DASCA)[1],用于减少非相容性缓存的功耗。然而,该方法在相容性缓存架构下表现不佳,本章将针对该问题进行补充和优化。

为了采用 STT-RAM 架构大容量缓存,主要的挑战是要克服它的缺点。文献[29]指出在缓存中平均约有 86.2%的死块,即缓存块写入缓存后再也未被访问过。这一发现为能耗优化提供了机会。缓存的能效的提升可以通过使用活跃块(缓存中被多次访问的缓存块)替代死块的方式来实现,而不是等着死块一直驻留在缓存中直到其被替换出去。本章将尽可能的消除缓存中的死写块。

针对以上分析,本章提出一种基于反馈学习的死写终止(feedback learning based dead write termination, FLDWT)量化方法来减少缓存的功耗。该方法的主要思想如下,首先根据缓存的访问行为动态地将缓存块分为活跃块和死块,然后根据这个分类信息,如果有效的识别出死写缓存块请求,那么就终止本次访问,最后收集该信息并将其反馈给缓存访问行为学习模块。实验评估结果表明,本章提出的方法能够显著的减少缓存中的死写操作,从而减少缓存功耗并提升系统性能。

本章的组织结构如下:4.1 节是本章方法的研究动机,4.2 节提出基于反馈学习的非易失性缓存功耗优化方法,4.3 节介绍实验评估的方法,4.4 节讨论和分析实验结果,4.5 节总结本章的研究内容。

4.1 研究动机

本节首先通过一个例子分析缓存中死写块终止带来的好处,然后通过初步的实验结果分析缓存中死写块所占的比例及其潜在的好处。

4.1.1 例子分析

图 4.1 展示了一个消除缓存中死写块能带来好处的例子。其中，图 4.1(a)表示缓存中的一组循环读写访问请求操作，例如 R_a 表示对缓存块 a 的读请求操作，W_a 表示对缓存块 a 的写请求操作。假设当前缓存为包含 4 个缓存块的全相连映射，且采用最近最少访问的缓存替换策略。图 4.1(b)表示一次循环访问迭代过程中，缓存中缓存块的状态变化和缓存命中缺失情况。从图中可以看出，W_b、W_c、W_e 和 R_f 等四次访问操作均缺失，故在一次循环访问缓存请求中，缓存的命中率为 50%。同时，根据缓存访问行为可以知道，W_b 和 W_c 操作将导致缓存块 b 和 c 变为死写块，因为 b 和 c 被写入缓存后直到它们被替换出去再也未被访问过。图 4.1(c)表示在同样一次循环访问迭代过程中，死写缓存块 b 和 c 的访问请求被终止的情形。即如果缓存块 b 和 c 在写入最后一级缓存前被预测为死写块，那么当前的写请求操作将被终止。因此，缓存的命中率被提升到 100%。同时因为 W_b 和 W_c 两次写操作被终止，缓存的写功耗也降低了。图 4.2 的初步实验结果也展示了缓存中有大量这样的死写块写入最后一级缓存。这促使本章需要探索一种高效的方法来减少大量的死写块。

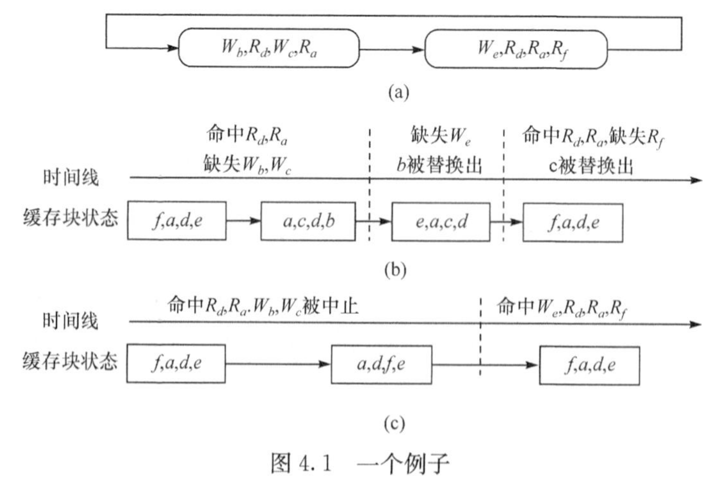

图 4.1　一个例子

4.1.2　消除死写块的潜在好处

图 4.2 显示了消除所有死写块和基准配置的功耗对比情况。详细的实验配置见 4.3.1 节。其中被消除的所有死写块是通过静态分析获取的。可以看出，当缓存中所有死写块被消除后，平均写功耗可以降低到 28.3%。对于大多数写频繁的测试程序，都可以大幅度地减少它们的写功耗。可见，消除缓存中的死写块存在非常大的潜在好处。然而，在现实中不可能完全消除死写块，因为消除这些缓存块需要考虑是否能增加缓存的命中率。

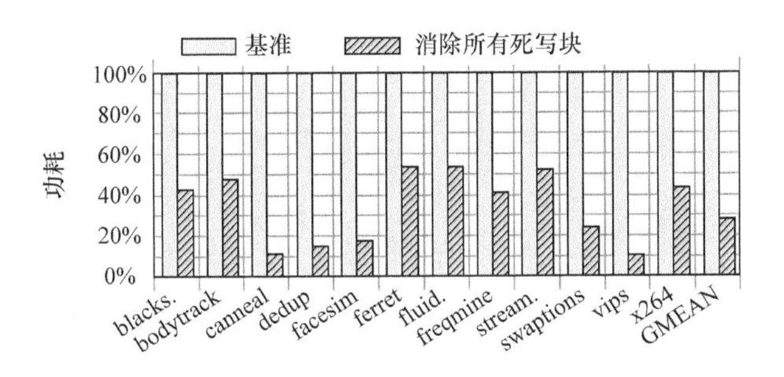

图 4.2　消除所有死写块和基准配置的功耗对比

4.2　基于反馈学习的死写终止方法

本节首先介绍 FLDWT 的整体框架，提出缓存块访问行为学习模型。然后，给出两个算法将缓存块分为活跃块和死写块。最后，介绍死写块终止机制和信息反馈机制。

4.2.1　整体框架

为了准确的识别出缓存中的死写块，提出一种量化缓存块访问行为的方法。我们以相容性缓存架构为例进行阐述，当然本方法也可以用于其他任何缓存架构，4.4.7 节将详细讨论。图 4.3 显示了 FLDWT

方法的结构，包含四个主要的组成部分，即缓存访问行为学习模块（block access behavior learning，BABL）、缓存块类型分类器（block type classification，BTC）、死写终止模块（dead write termination，DWT）、信息反馈模块（information feedback，IF）。在测试程序开始运行后，FLDWT 动态的学习缓存的访问行为，然后对最后一级缓存的每一次写操作请求做出评估。随后，FLDWT 将缓存块类型分为活跃块和死写块。根据这个分类信息，对于最后一级缓存中的死写块请求将被终止掉，以节约缓存的写功耗，而活跃块则可以正常写入缓存。最后，FLDWT 将判断终止决策是否正确，如果决策错误，那么这些信息将被收集起来并将其反馈给 BABL 模块。

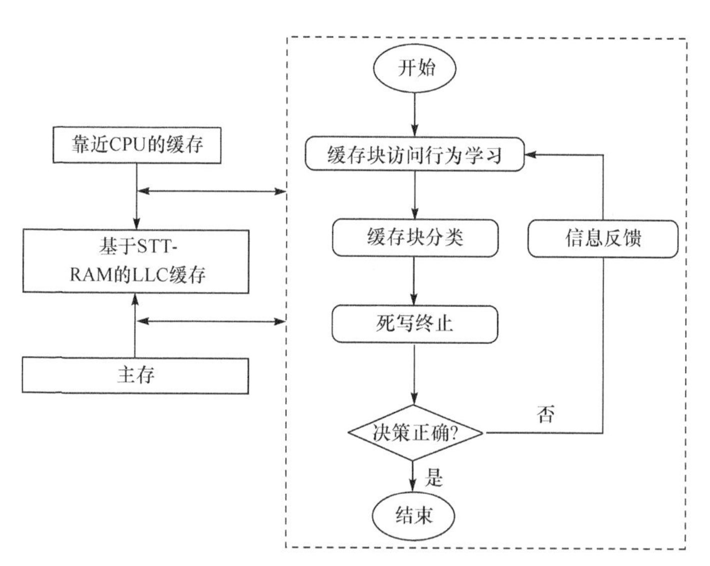

图 4.3　FLDWT 方法的结构

4.2.2　缓存块访问行为学习

本节试着动态的学习缓存块的访问行为，并建立合适的评估模型，同样采用基于 PC 的指令地址来追踪缓存的访问行为[29]。通过分析缓存的访问行为，本章发现两个主要的因素对死写块影响最大，分别为数据的复用距离(data reuse distance,DRD)和数据的访问频率(data access frequency,DAF)。DRD是指同一个缓存块两次访问之间有多少个其他缓存块被访问[30]。DAF是指同一个缓存块在一个缓存组中被访问的次数。假设这两个因素为缓存块访问行为的主要因素,基于这个假设,一个量化分析模型构造如下,即

$$\begin{cases} e_i = \alpha d_i + \beta f_i + \varepsilon_i, & 0 \leqslant i \leqslant n \\ d_i \leqslant N \end{cases} \tag{4.1}$$

表4.1列出了式(4.1)中使用的符号对应的详细描述。从公式的设计可以看出,它具有简单性、自适应性和良好的伸缩性。e_i 表示每个缓存块的评估值,这个值越高,表示缓存块越趋向于是死写块;相反,它则是活跃块。d_i 表示是对 e_i 的正向影响因子,即缓存块的复用距离越长,那么该缓存块越有可能是死写块。f_i 是对 e_i 的负向影响因子,缓存块访问的频率越高则表示该数据越重要,它越可能是活跃的缓存块。例如,假设有个16路组相连的缓存,如果一个缓存块的 $d_i=15$ 和 $f_i=2$,那么就说明当前的缓存块没有那么重要,很有可能是死写块。更重要的是,为了提高评估的精度,参数 ε_i 是用于调整反馈信息的。α 和 β 都是相关系数,它们的值是由模拟实验结果来评估和确定的。

表4.1　目标问题所使用的符号

符号	符号的描述
$E=\{e_1, e_2, \cdots, e_n\}$	缓存块 i 的评估值
$D=\{d_1, d_2, \cdots, d_n\}$	缓存块 i 的复用距离
$F=\{f_1, f_2, \cdots, f_n\}$	缓存块 i 的访问频率
ε_i	反馈值
N	最后一级缓存的组相联度
α	d_i 的相关系数
β	f_i 的相关系数

4.2.3　缓存块分类

本节用于在运行时将缓存块分为活跃块和死写块。BTC 主要专注于快速找到死写块，而活跃块将正常访问最后一级缓存。本节给出两种类型缓存块分类方法，分别为缓存块静态分类方法和缓存块动态分类方法。

(1) 缓存块静态分类方法

在这个方法中，缓存块的行为是通过静态设定的值决定的。如果 d_i 等于 N，f_i 等于 0，则表示当前缓存块的写请求为死写块。这是因为缓存块直到被替换出去再也未被重复访问过。除此之外，活跃块和死写块之间的边界也是用户静态设定的一个参数 B。如果 e_i 的值比 B 大，那么就表示当前的缓存块是死写块，反之则是活跃块。图 4.4 展示了缓存块静态分类方法的详细细节。图中仅考虑了写操作请求而忽视了读操作请求，因为读操作请求不会将死写块写入最后一级缓存中。这个方法的好处是它的实现非常简单。

```
1:    FOR 每一次缓存访问请求 DO
2:        IF 本次访问为写操作请求 THEN
3:            IF(d_i==N 和 f_i==0)THEN
4:                认为当前缓存块为死写块;
5:            ELSE IF(e_i>B)THEN
6:                认为当前缓存块为死写块;
7:            ELSE
8:                认为当前缓存块为活跃块;
9:            END IF
10:       END IF
11:   END FOR
```

图 4.4　缓存块静态分类方法

(2) 缓存块动态分类方法

当给定的参数 B 足够大时,缓存块静态分类方法能较好的工作。然而,如果 B 选择的不合适,那么缓存块静态分类方法的评估就不够精确。因为如果 B 比最优的边界值大时,一些死写缓存块将被写入到最后一级缓存中,会带来额外的写功耗。如果 B 比最优的边界值小时,一些活跃块会被当做死写块,会引起缓存访问缺失。考虑到这个情形,提出缓存块动态分类方法动态的调整参数 B,详细的方法设计如图 4.5 所示。具体来说,边界参数 B 是在死写块平均值周围动态调整的。

```
1:   FOR 每一次缓存访问请求 DO
2:       avg = Σ_1^i (所有死写块 e_i 的值)/ 到 i 时死写块的数量;
3:       IF 本次访问为写操作请求 THEN
4:          IF(e_i>B)THEN
5:              B=(B>avg)?B:B+1;
6:              认为当前缓存块为死写块;
7:          ELSE
8:              B=(B<avg)?B:B-1;
9:              认为当前缓存块为活跃块;
10:         END IF
11:      END IF
12:  END FOR
```

图 4.5　缓存块动态分类方法

在每个缓存块的访问开始,本方法将计算之前访问中死写块的平均评估值 e_i,这对缓存未来的访问具有指导意义,同时能够帮助修改边界值 B。随着测试程序运行非常多的周期后,B 越来越接近缓存死写块评估值的平均值。缓存块动态分类方法采用保守性的调整策略,因此 B 的波动范围较小。然而,评估的准确性得到了保证且缓存的缺失率较小。

总而言之,缓存块静态分类方法的实现相对简单,且相对于缓存块动态分类方法其硬件开销相对较小。考虑硬件或缓存面积开销,首选缓存块静态分类方法。作为对比，在动态功耗和性能方面，缓存块动态分类方法表现更为优越，因此这两种分类方法的使用需要根据实际应用需求来选取。

4.2.4　死写终止

当发现评估出的死写请求后，下一步就是终止该请求以节约缓存的写功耗。本节的死写终止决策仅终止写入最后一级缓存的死写块，对于其他的读请求和写请求将正常访问最后一级缓存。通过评估值 e_i 和 B 的对比，死写缓存块请求将被筛选出来。然后，将应用双向终止的方法，即来自主存到最后一级缓存的写请求和来自低级缓存到最后一级缓存的写请求。

在实现的过程中，如果从第一个方向来的写请求且被认为是死写，那么双向终止方法并不会将数据写入最后一级缓存。该数据将继续驻留在主存中，随后向 CPU 发送一个回应消息即可。只要缓存块的状态评估准确，这一过程不会增加缓存的访问缺失率。如果从第二个方向来的写请求，双向终止方法会在低级缓存中检查死写缓存块的状态位(干净块还是脏块)。如果是脏块，它将直写回主存以保证数据的一致性；反之，终止掉并将其状态位设置为无效。这一过程不会给主存带来额外的功耗开销，因为缓存块写入最后一级缓存后不会再被访问，最终，它还是会被写回到主存的。另一方面，终止最后一级缓存中死写块相当于提前将缓存中的死写块替换出去，这样给了其他活跃缓存块更多的驻留机会和空间，从而能提高缓存的效率。双向终止方法对于缓存块状态评估准确的效果较好。然而，在测试程序运行较长周期后，会存在一些错误的决策，这些信息将会收集起来。

4.2.5　信息反馈

本部分主要用于反馈一些评估信息给缓存访问行为评估模块，它在提高 FLDWT 的评估准确性上扮演着重要角色。在被评估出的死写缓存块请求终止后，当前这个缓存块的行为被记录着，并且将通过指令地址追踪该缓存块在接下来的一些周期中的访问情况。如果检测到该缓存块在较短的时间内被复用，那么说明针对该缓存块的预测是错误的，然后这个信息将反馈给 BABL 部分。BABL 将会调整参数 ε_i 的值(通常是减去 0.48，详细的分析在 4.4.6 节)，并记录该缓存块的指令地址。当测试程序运行足够长的时间后，FLDWT 方法对缓存中的死写块的评估将会更加智能和准确。

4.3 实验评估方法

4.3.1 实验设置

FLDWT 方法是在 gem5[31]模拟器中实现的。表 4.2 描述了详细的模拟参数配置。采用相容性缓存架构的方式，有两级缓存(L1 为私有缓存，L2 为共享缓存)，也就是 LLC，缓存管理策略采用了 LRU[32]。通过修改 gem5 中的缓存模块来实现 STT-RAM，缓存的读写延迟和读写功耗是从修改的 NVSim[33]中获取的，且采用 32nm 工艺技术。缓存动态功耗是通过缓存访问的次数乘以它每次访问的功耗计算的。

为了实现 FLDWT，分别增加 4 个位来表示每个缓存块的复用距离和访问频率。然后，修改缓存管理策略来获取缓存块的访问行为，同时记录 DRD 和 DAF，通过使用这些信息，修改缓存的实现模块，实现缓存块的分类和死写终止决策方法。本章的方法将和 STT-RAM 基准配置及 DASCA[1]方法进行对比。对于 FLDWT 方法，本章探索了一系列的参数配置并最终选取最好的配置，如表 4.2 所示。边界参数 B 初始化为 8(4.4.5 节将讨论选取方法)，α 和 β 分别初始化为 0.86 和 0.14(4.4.6 节将介绍选取方法)，ε_i 初始化设置为 0，它的调整方法将在 4.4.6 节中介绍。这些参数都将应用在测试程序运行的过程中。

表 4.2 目标平台的参数配置

参数	配置
处理器	4 核,处理器的主频为 3GHz
L1	私有缓存,指令数据缓存大小为 32KB,8 路组相连,LRU,读写为 2 个周期,缓存块大小为 64B,写回
LLC	共享缓存,缓存大小为 4MB,16 路组相连,LRU,缓存块大小为 64B, 写回 STT-RAM 读延迟:7 个周期 STT-RAM 写延迟:33 个周期 STT-RAM 读功耗:0.858nJ STT-RAM 写功耗:4.997nJ
缓存一致性协议	MESI 目录协议
主存	读写为 300 个周期
B	8
α	0.86
β	0.14
ε_i	0

4.3.2 实验测试集的选取

本章选取 PARSEC[34] 测试集中的测试程序评估本章所提出的方法,数据集使用 simsmall 作为数据输入。这些测试程序具有不同的读写操作强度,随后每个测试程序都快速执行到感兴趣的区域(region of interest,ROI),然后执行剩余的所有区域。

4.4 实验结果与讨论

本节是实验结果和讨论分析部分,分别从缓存的能耗、性能(speedup)、预测准确性、系统开销、敏感性分析、参数的选择和适应性分析等多个角度评估所提出方法的效果。

4.4.1 功耗评估

STT-RAM 基准配置、DASCA 方法、静态的 FLDWT 方法和动态的 FLDWT 方法的归一化功耗对比情况如图 4.6 所示。正如所期待的一样，对于大多数测试程序，FLDWT 的两种方法均优于基准配置。具体来说，在静态死写分类方法下，FLDWT 方法能平均减少 34.2%的功耗，而在动态死写分类方法下能获得更好的效果，平均能减少 44.6%的功耗。这是因为 FLDWT 方法能找出最后一级缓存中大量的死写操作，并且能阻止它们写入最后一级缓存，缓存分类方法的贡献较大。如图 4.6 所示，对于大多数测试程序，FLDWT 方法要优于 DASCA 方法，分别能平均减少 5.9%和 16.3%的功耗。这是因为 DASCA 方法仍然需要将标记和 void 状态写入到最后一级缓存，同时 DASCA 方法需要通过一致性协议维护 void 状态位，这也将产生额外的功耗。然而，本章所提出的方法将终止掉这类死写请求，从而节约功耗。当然，对于少量测试程序，如 ferret 测试程序，FLDWT 方法表现不够好，这是因为这个测试程序的缓存块评估的准确性不够好，一些活跃块的请求被终止了，从而导致功耗减少程度较小且损失系统性能。

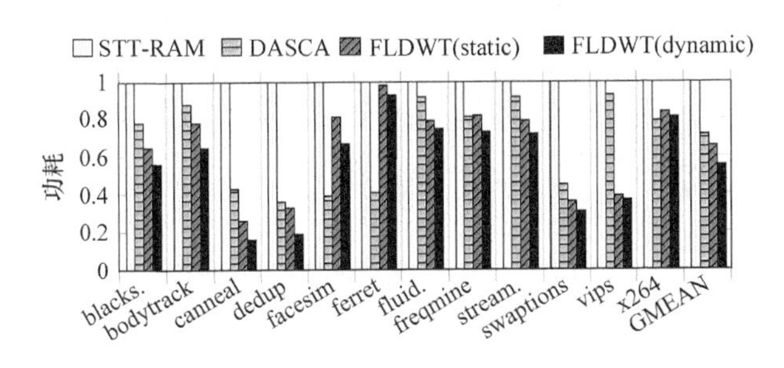

图 4.6　归一化后的功耗对比

总而言之，缓存功耗能大幅度减小的主要原因来自两方面。一方面，FLDWT 方法减少了最后一级缓存中大量的死写操作，从而减少了动态功耗。另一方面，FLDWT 方法最小化了需求写操作，因为 FLDWT

方法在最后一级缓存中保留了许多活跃块，这样缓存的读操作访问缺失率下降了，这样由读缺失引起的需求写操作也减少了。

4.4.2 性能评估

图 4.7 展示了 STT-RAM 基准配置、DASCA 方法、静态的 FLDWT 方法和动态的 FLDWT 方法的归一化性能对比情况。对于大多数测试程序，FLDWT 方法要优于基准配置和 DASCA 方法。具体来说，与基准配置和 DASCA 方法相比，FLDWT 在静态分类方法下，能平均提升 9%和 2%的性能；FLDWT 在动态分类方法下，能平均提升 12%和 5%的性能。特别是，对于 canneal 测试程序，所提出的方法相对于基准配置，性能可以提升高达 34%(37%)，该测试程序比其他测试程序性能提升效果明显的原因是 canneal 测试程序的写操作强度非常大，因此包含较多的死写缓存块，减少这部分死写缓存块能极大地提升系统性能。对于 ferret 测试程序，其性能相对较差，这是因为缓存块分类和预测不够准确导致活跃块被终止，死写块反而驻留在最后一级缓存中。

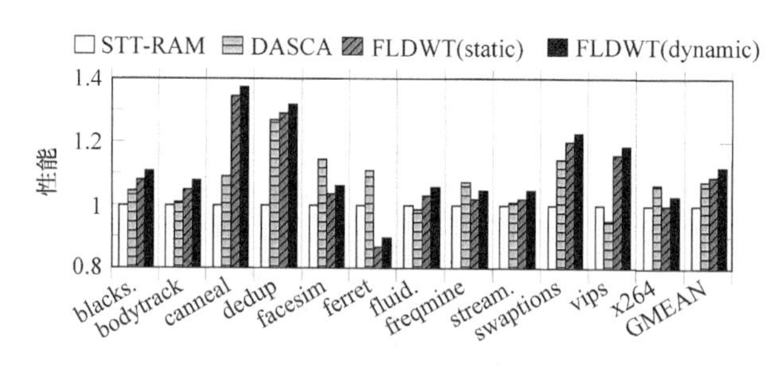

图 4.7 归一化后的性能对比

FLDWT 方法能提升性能的主要原因如下：一方面，死写请求被终止后，这些缓存块被写入最后一级缓存的延迟减少了；另一方面，由于死写块不写入最后一级缓存，从而可以有更多的缓存空间存放活跃块，这样缓存的命中率就提高了。

4.4.3　预测准确性评估

本章所提出的方法能有效地减少缓存功耗和提升性能，关键的因素是依赖于死写操作请求预测的准确性。如果所有的死写操作请求都被正确预测，那么缓存功耗的减少程度将会最大化；相反，任何错误的预测都会引入额外的缓存访问缺失和功耗开销。DASCA 方法和 FLDWT 方法的预测准确性对比如图 4.8 所示。在模拟实验完成后，通过信息反馈模块收集预测错误的次数，并记为 x；总共的预测次数可通过缓存块分类模块获取，记为 y，那么预测的准确性可通过 $(y-x)/y$ 计算出来。因此，FLDWT 在两种方法下分别平均能达到 72.1％和 83.2％的预测准确性，而 DASCA 方法的准确性仅有 62％。预测的准确性仅考虑了预测正确且能减少缓存功耗的正因素。本章提出的方法效果好的原因在于量化了缓存块的每次写入请求，并能准确的预测缓存块的死写操作。除此之外，DASCA 方法将会牺牲一些死写缓存块来构造和更新预测表，而 FLDWT 方法会将这些缓存块请求终止掉。FLDWT 还有一个显著的特征是，当程序运行较长时间后，通过学习缓存的访问行为，预测的准确性会越来越好，这也是所提出的方法能稳步提升性能的原因。

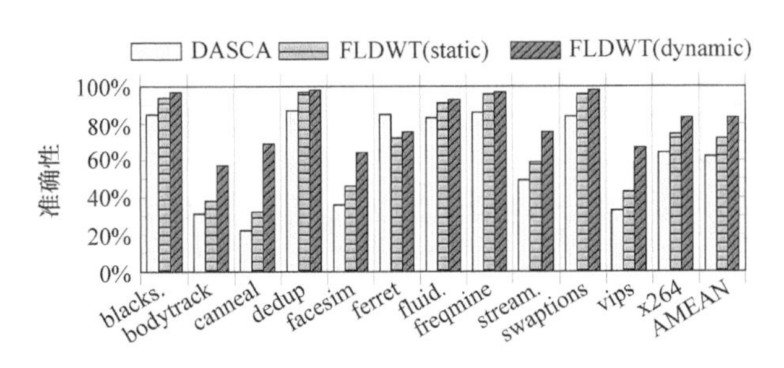

图 4.8　FLDWT 方法预测的准确性

4.4.4　开销分析

本章提出的方法将会产生额外的存储开销。对于最后一级缓存中的缓存块分别需要 4 位记录数据复用距离和数据的访问频率。对于 64-byte 的缓存块，存储开销约为 1.56%。除此之外，需要 PC 指令地址来追踪死写块，每个 PC 需要 15 位存储，对于 4096 个缓存组来看，需要消耗 7.5KB 的存储空间(小于 0.18%)。对于静态方法，分别需要 4 个位来表示 e_i 和 B，存储开销可以忽略不计。对于动态方法，分别需要 4 个位来表示 e_i、B 和 avg，这些开销也非常小。与大容量的最后一级缓存相比，FLDWT 方法的存储开销可以忽略不计。除了存储开销，对于电路的开销，FLDWT 方法包含一个加法器用于累加 DRD 和 DAF，一个比较器用于比较 e_i 和 B。考虑到性能开销，这些额外的硬件部件都不在关键路径上，因此它们几乎对缓存访问的延迟没有影响。与基准配置相比，4.4.2 节的实验结果表明系统的性能得到了提升，这也说明缓存访问的开销是非常小的。

4.4.5 *B* 的敏感性分析

为了选择合适的边界参数 B，图 4.9 显示了在不同配置下平均功耗的波动情况。从图中可以看出。

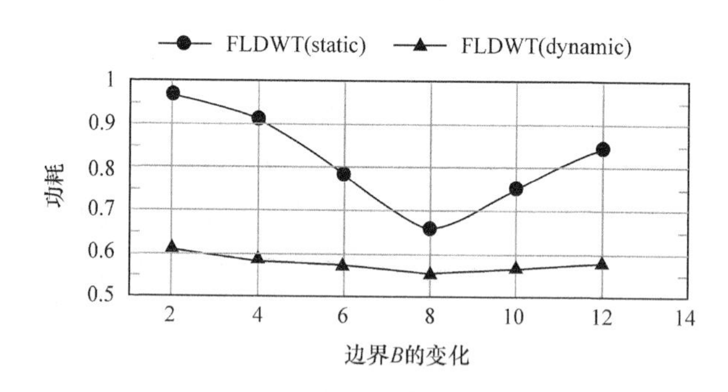

图 4.9 参数 B 的敏感性

① 与基准配置相比，FLDWT 方法在不同的配置 B 情况下均能减少功耗。

② 静态方法的功耗波动非常大，而动态方法的波动相对稳定。如

果 B 静态配置的过低或过高，其功耗减少的程度都非常小，这是因为存在不少错误的死写块预测；相反，动态方法在测试程序运行一段周期后会调整 B 的值，因此初始设置的 B 值对功耗的影响非常小，测试程序运行的周期越长，动态方法会越智能。

③ 根据实验结果显示效果可知，B 为 8 的时候是最合适的。

因此，本章在初始化的时候将 B 的值设置为 8。

4.4.6 α、β 和 ε_i 的选取分析

相关系数 α 和 β 的选择会影响 FLDWT 方法的效果，为了确定合适的值，首先分析测试程序的访问行为，通过实验结果的统计分析发现，α 和 β 较优的选择是 0.86 和 0.14。对于大多数测试程序都能较好的工作。同时，发现 α 的值通常要大于 β 的值。这是因为 DRD 对死写块的影响要比 DAF 大。

信息反馈值 ε_i 有助于提升 FLDWT 的预测准确性，因此这个值也是比较重要的。为了获取合适的 ε_i 值，所有错误评估值 e_i 和对应的边界值 B 都收集起来了。图 4.10 显示了每 200K 个周期间隔的统计数据。通过计算发现，ε_i 最合适的值为 0.48。也就是说，如果 e_i 的值高于 B 的值时，就会产生错误的评估，那么在发现错误后应该调整 e_i，即将它的值减少 0.48。

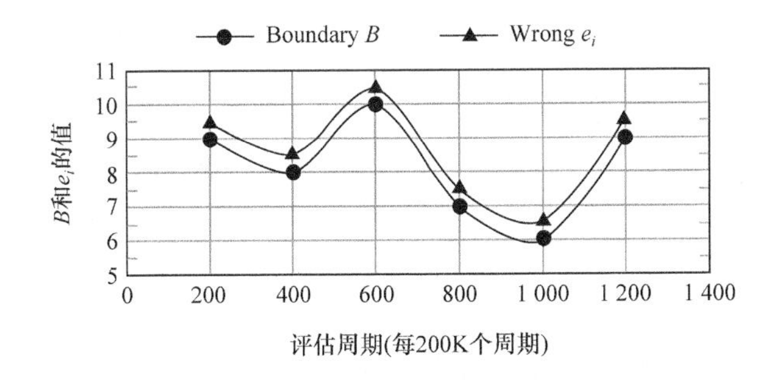

图 4.10　边界值 B 和错误评估值 e_i

4.4.7 适应性分析

在默认情况下，本章采用的是相容性缓存架构。然而，本章的方法也可以应用于其他类型的缓存架构，如一级缓存(L1)、二级缓存(L2)、三级缓存(L3)和非相容性缓存。FLDWT 方法可以很容易的集成到两个连续缓存的中间，然后捕获其中的写请求并做出死写终止的决策。例如，假设在三级缓存架构下减少 L2 缓存上的死写缓存块，FLDWT 方法可以插入到 L1 和 L2、L2 和 L3 之间。随后，FLDWT 方法立即启用并学习缓存块的访问行为，最后当数据从 L1 写入到 L2 或数据从 L3 写入到 L2 时，即可检测死写块请求，并作出终止该请求的决定。对于该方法的实现，仅需要将 FLDWT 模块移动到相应的缓存模块中，这样它就能根据用户的需求正常的工作了。

4.5 本章小结

本章主要研究了一种基于反馈学习的非易失性缓存功耗优化方法。首先，提出基于反馈学习的死写终止方法的基本框架。然后，建立量化模型学习缓存块的访问行为，根据缓存块的访问行为将缓存块分为活跃块和死写块。最后，将检测到的死写块请求终止掉，以节约功耗。如果终止错误，那么对应信息将会反馈给量化模型。实验评估结果表明，FLDWT 方法能够极大地减少缓存功耗，同时系统性能也会有相应的提升。除此之外，本章方法的适应性也较好。

参考文献

[1] Ahn J, Yoo S, Choi K. Dasca: dead write prediction assisted stt-ram cache architecture[C]// IEEE 20th International Symposium on High Performance Computer Architecture(HPCA). Piscataway NJ: IEEE, 2014: 25-36.

[2] Gammie G, Wang A, Mair H, et al. Smart reflex power and performance management technologies for 90nm, 65nm, and 45nm mobile application processors[J]. Proceedings of the IEEE, 2010, 98(2): 144-159.

[3] Borkar S. Design challenges of technology scaling[J]. IEEE Micro, 1999, 19(4): 23-29.

[4] Xue C J, Sun G, Zhang Y, et al. Emerging non-volatile memories: opportunities and challenges [C]//Proceedings of the 2011 9th International Conference on Hardware/Software Codesign and System Synthesis(CODES+ISSS). Piscataway NJ: IEEE, 2011: 325-334.

[5] Caulfield A M, Coburn J, Mollov T, et al. Understanding the impact of emerging non-volatile memories on high-performance, io-intensive computing[C]//Proceedings of the 2010 ACM/IEEE International Conference for High Performance Computing, Networking, Storage and Analysis. Piscataway NJ: IEEE, 2010: 1-11.

[6] Mittal S, Vetter J S, Li D. A survey of architectural approaches for managing embedded DRAM and non-volatile on-chip caches[J]. IEEE Transactions on Parallel and Distributed Systems, 2015, 26(6): 1524-1537.

[7] Chen E, Apalkov D, Diao Z, et al. Advances and future prospects of spin-transfer torque random access memory[J]. IEEE Transactions on Magnetics, 2010, 46(6): 1873-1878.

[8] Hosomi M, Yamagishi H, Yamamoto T, et al. A novel nonvolatile memory with spin torque transfer magnetization switching: Spin-RAM[C]//Proceedings of IEEE International Electron Devices Meeting, 2005. IEDM Technical Digest. Piscataway NJ: IEEE, 2005: 459-462.

[9] Sun G, Dong X, Xie Y, et al. A novel architecture of the 3D stacked MRAM L2 cache for CMPs[C]//Proceedings of the 15th International Symposium on High Performance Computer Architecture. Piscataway NJ: IEEE, 2009: 239-249.

[10] Mangalagiri P, Sarpatwari K, Yanamandra A, et al. A low-power phase change memory based hybrid cache architecture[C]//Proceedings of the 18th ACM Great Lakes symposium on VLSI. New York: ACM, 2008: 395-398.

[11] Wu X X, Li J, Zhang L X, et al. Hybrid cache architecture with disparate memory technologies[C]//Proceedings of the 36th annual International Symposium on Computer Architecture(ISCA 2009). New York: ACM, 2009: 34-45.

[12] Li Q, Li J, Shi L, et al. MAC: migration-aware compilation for STT-RAM based hybrid cache in embedded systems[C]//Proceedings of the 2012 ACM/IEEE International Symposium on Low Power Electronics and Design. New York: ACM, 2012: 351-356.

[13] Wang Z, Jiménez D A, Xu C, et al. Adaptive placement and migration policy for an STT-RAM-based hybrid cache[C]//Proceedings of 2014 IEEE 20th International Symposium on High Performance Computer Architecture(HPCA). Piscataway NJ: IEEE, 2014: 13-24.

[14] Jog A, Mishra A K, Xu C, et al. Cache revive: architecting volatile STT-RAM caches for enhanced performance in CMPs[C]//Proceedings of the 49th Annual Design Automation Conference. New York: ACM, 2012: 243-252.

[15] Smullen C, Mohan V, Nigam A, et al. Relaxing non-volatility for fast and energy-efficient STT-RAM caches[C]//Proceedings of 2011 IEEE 17th International Symposium on High Performance Computer Architecture(HPCA). Piscataway NJ: IEEE, 2011: 50-61.

[16] Sun Z, Bi X, Li H H, et al. Multi retention level STT-RAM cache designs with a dynamic refresh scheme[C]//Proceedings of the 44th Annual IEEE/ACM International Symposium on Microarchitecture. New York: ACM, 2011: 329-338.

[17] Li Q A, Li J H, Shi L, et al. Compiler-assisted refresh minimization for volatile STT-RAM cache[C]//Proceedings of 2013 18th Asia and South Pacific Design Automation Conference (ASP-DAC). Piscataway NJ: IEEE, 2013: 273-278.

[18] Li J H, Shi L, Li Q A, et al. Low-energy volatile STT-RAM cache design using cache-coherence-enabled adaptive refresh[J]. ACM Transactions on Design Automation of Electronic Systems(TODAES), 2013, 19(1): 5.

[19] Rasquinha M, Choudhary D, Chatterjee S, et al. An energy efficient cache design using spin torque transfer(STT) RAM[C]//Proceedings of the 16th ACM/IEEE International Symposium on Low Power Electronics and Design. New York: ACM, 2010: 389-394.

[20] Jung J, Nakata Y, Yoshimoto M, et al. Energy-efficient spin-transfer torque RAM cache exploiting additional all-zero-data flags[C]//Proceedings of 2013 14th International Symposium on IEEE Quality Electronic Design(ISQED). Piscataway NJ: IEEE, 2013: 216-222.

[21] Chen Y T, Cong J, Huang H, et al. Dynamically reconfigurable hybrid cache: An energy-efficient last-level cache design[C]//Proceedings of the Conference on Design, Automation and Test in Europe. Bilgium: European Design and Automation Association, 2012: 12-16.

[22] Ahn J, Yoo S, Choi K. Prediction hybrid cache: an energy-efficient STT-RAM cache architecture[J]. IEEE Transactions on Computers, 2016, 65(3): 940-951.

[23] Bishnoi R, Oboril F, Ebrahimi M, et al. Avoiding unnecessary write operations in STT-MRAM for low power implementation[C]//Proceedings of 2014 15th International Sympo-

sium on Quality Electronic Design(ISQED). Piscataway NJ:IEEE,2014:548-553.

[24] Strikos N,Kontorinis V,Dong X,et al. Low-current probabilistic writes for power-efficient STT-RAM caches[C]//Proceedings of 2013 IEEE 31st International Conference on Computer Design(ICCD). Piscataway NJ:IEEE,2013:511-514.

[25] Ahn J,Choi K. Lower-bits cache for low power STT-RAM caches[C]//Proceedings of 2012 IEEE International Symposium on Circuits and Systems(ISCAS). Piscataway NJ:IEEE,2012:480-483.

[26] Li Y,Zhang Y,Li H,et al. C1C:a configurable,compiler-guided STT-RAM L1 cache[J]. ACM Transactions on Architecture and Code Optimization(TACO),2013,10(4):52.

[27] Li Y,Jones A K. Cross-layer techniques for optimizing systems utilizing memories with asymmetric access characteristics[C]//Proceedings of 2012 IEEE Computer Society Annual Symp on VLSI(ISVLSI). Piscataway NJ:IEEE,2012:404-409.

[28] Li Y,Chen Y R,Jones A. A software approach for combating asymmetries of non-volatile memories[C]//Proceedings of the 2012 ACM/IEEE International Symposium on Low Power Electronics and Design(ISLPED 2012). New York:ACM,2012:191-196

[29] Khan S M,Tian Y,Jimenez D A. Sampling dead block prediction for last-level caches[C]//Proceedings of the 2010 43rd Annual IEEE/ACM International Symposium on Microarchitecture. Piscataway NJ:IEEE,2010:175-186.

[30] Ding C,Zhong Y. Predicting whole-program locality through reuse distance analysis[C]//ACM SIGPLAN Notices. New York:ACM,2003,38(5):245-257.

[31] Binkert N,Beckmann B,Black G,et al. The gem5 simulator[J]. ACM SIGARCH Computer Architecture News,2011,39(2):1-7.

[32] Jaleel A,Theobald K B,Steely Jr S C,et al. High performance cache replacement using re-reference interval prediction(RRIP)[C]//ACM SIGARCH Computer Architecture News. New York:ACM,2010,38(3):60-71.

[33] Dong X,Xu C,Jouppi N,et al. NVSim:A Circuit-level Performance,Energy,and Area Model for Emerging Non-volatile Memory[M]//New York:Springer,2014:15-50.

[34] Bienia C,Kumar S,Singh J P,et al. The PARSEC benchmark suite:characterization and architectural implications[C]//Proceedings of the 17th International Conference on Parallel Architectures and Compilation Techniques. New York:ACM,2008:72-81.

第5章　基于磨损均衡技术的非易失性缓存功耗优化

近年来，随着半导体工艺和硬件技术的快速进步，使用传统硬件技术（SRAM 和 DRAM 技术）设计的现代计算机存储体系结构将会面临新的挑战[1]，因为传统存储技术具有漏电功耗大和可扩展性差等问题[2,3]。因为基于现代集成电路技术设计芯片时，通常会需要芯片具备功耗低、集成度高和使用寿命长等特点。因此，传统存储技术在新形势下的进一步发展遇到了阻碍。在当前这种情形下，新型非易失性存储技术的优秀特征为传统存储技术带来良好的发展机遇，得到研究者的广泛认同和赞许。例如，STT-RAM、RRAM 和 PCM 等新型存储技术[4~7]。它们拥有漏电功耗低、伸缩性好、集成度高和非易失性等一系列优势[8~13]。在此基础上，研究者提出很多优化方法来使用新型存储器架构现代存储器的各个层次，并逐渐替换传统存储技术。

虽然 NVM 有许多优点，但是 NVM 存储器件的设计原理和制造工艺与传统存储器不一样，通常情况下，NVM 的写功耗较高、写性能较差，并且 NVM 的写耐久性也比传统存储器要低很多。例如，有研究结果指出 STT-RAM 的耐久性为 10^{15}，事实上它的实际效果最好的仅有 4×10^{12}[14,15]，而 RRAM 的写耐久性则稍微小一些，大约为 10^{11}[14~17]。PCM 的写耐久性则更小，只有 10^{8} 左右，适合用来架构并取代主存，对于访问频繁的缓存不是非常合适[14~16]。如果将这些新型存储技术投放到生产环境，存储单元的写耐久性可能会参差不齐，那么它们将会有更低的写耐久性。相反，对于目前的传统存储技术，它们的写耐久性一般要高于 10^{15}，不会有存储器寿命的问题出现。

通过上述分析，STT-RAM 和 RRAM 均能用于架构片上缓存，它们的写耐久性相对其他新型存储器要高一些[18]。然而，应用程序对缓存的读写强度通常不一样，并且访问缓存中每个存储单元的写操作一般也是不均衡的，也就是说，缓存中每个存储单元相互之间的写操作具有波动特性(也称为写波动)。目前缓存中采用的最近最少访问管理策略没有认识到写操作存在波动问题，那么少量的存储单元将会被 CPU 频繁的读写。这些存储单元会迅速被损坏，从而降低整个缓存的寿命，并且存储器中各个存储单元因为材料自身的原因，承受的写操作是有限的，故采用 STT-RAM 和 RRAM 架构缓存时，需要考虑存储单元间的磨损不均衡性，通过磨损均衡(wear leveling)技术减少缓存功耗并提升缓存寿命。其实，磨损均衡技术已经在 PCM 主存中广泛的应用，解决主存的写功耗和写耐久性问题[19~21]。但是，缓存的组织结构及管理策略和主存的不一样，已有的主存磨损均衡方法并不能在缓存上直接使用。这是因为 CPU 读写缓存时会引起缓存组内波动和组间波动。例如，缓存的 LRU 策略考虑时间局部性，少量的存储单元会被频繁的写入数据，这会造成缓存组内写波动。应用程序读写特征具有多样性，那么 CPU 写入缓存组的数据也会不均衡，这就会引起缓存组间波动[14,15]。然而，在主存中，CPU 对主存的写操作只有主存组间波动，并且在当前基于路数架构的混合缓存下，缓存组间写波动问题不能有效的解决[5,18]。因此，通过磨损均衡技术来解决新型非易失性缓存的写波动具有十分重要的意义，从而也能进一步降低缓存的功耗。

针对现有研究存在的问题，考虑缓存组内和组间写波动的特征，重点监测写强度高的缓存单元和写波动大的缓存组，尽量降低这部分缓存单元的写压力，从而减少缓存功耗并延长缓存的寿命。本章提出一种 SRAM 辅助新型非易失性缓存的方法，通过磨损均衡技术指导缓存数据的分配(SRAM-assisted wear leveling，SEAL)。首先，设计写波动感知的缓存块迁移算法(write variation-aware block migration, WVOM),能周期性地感知缓存组间的写操作波动特性。一旦缓存组间写波动被检测到较大时,快速将写波动过大的缓存组迁移出去。然后,设计阈值指导的缓存块迁移算法(threshold guided block migration, TUBI),考虑缓存组内的缓存块访问特征,利用阈值监测缓存组内的写波动,时刻缓解缓存组内写操作波动过大的存储单元。综合缓存组间和组内的优化方法,可以大幅度降低缓存的磨损程度并减少缓存功耗。实验评估结果表明,本章提出的方法能在保证性能不损失的情况下降低缓存的功耗,同时能减少缓存的磨损程度并延长缓存的平均寿命。

本章的组织结构如下:5.1 节阐述了研究动机,5.2 节重点分析并介绍本章所提出的算法设计及其详细的实现细节,5.3 节介绍实验评估方法,讨论和分析实验结果,5.4 节总结本章的主要研究工作。

5.1 研究动机

采用 NVM 架构缓存时需要考虑缓存的功耗和磨损问题,同时应该充分发挥 NVM 的漏电功耗低、非易失性和存储密度高等优势。如果缓存中少量存储单元严重磨损,那么存储系统的可靠性将大大地降低,在更严重的情形下将直接破坏存储子系统,这将导致极大地缩短产品的寿命。磨损均衡技术是减少缓存功耗和延长存储单元寿命的有效技术手段,它能使存储单元中的写操作均匀分布。从缓存中写操作的波动特点能看出存储单元的磨损的程度。现有的研究结果表明,缓存组内和组间存在显著的写波动[14,15,22,23]。i2WAP 方法是周期性交换缓存组中的缓存块来减少缓存组间写波动,同时通过间歇性的清除命中的缓存行来减少缓存组内写波动[14],但是该方法的缓存组间交换方法和缓存行清除方法的阈值都是静态设置的,未能实时感知缓存中的写操作波动特性,存在一定的盲目性。EqualWrites 方法只针对缓存组内的写操作波动情形进行优化[15],对缓存的整体磨损程度减少效果有限。目前基于路数架构的混合缓存(如 SRAM 和 STT-RAM 组合)一般都是在同一个缓存组内[24,25],将写操作压力转移到 SRAM 上,减少 NVM 存储单元上的写操作,从而在一定程度上减少缓存功耗,然而该方法不能减少缓存组间的写波动,功耗优化效果有限。一些研究者也探索了减少对 STT-RAM 的写操作次数来降低缓存动态功耗和减少缓存的磨损,延长缓存的寿命[26~29]。这些方法同样不能感知缓存组间组内的写强度,提升效果有限。

为了查看缓存组内和组间的写操作分布,首先选取 PARSEC 测试集[30]中的测试程序 facesim 进行初步的实验分析,最后一级缓存的配置为 8MB,16 路组相连(具体的实验配置见 5.3.1 节)。该测试程序将模拟运行 100 亿条指令,然后统计所有缓存组和缓存行的写操作压力情况。图 5.1 显示了测试程序 facesim 访问缓存时,8192 个缓存组内的写操作次数的情况,其中黑色直线表示写操作次数超过 6000 次。可以看出,写操作的分布是不均匀的,并且有 139 个缓存组的写操作次数超过 6000,第 7681 个缓存组的写操作高达 9289 次。为了进一步查看缓存组内的写分布的情况,我们随机选取第 1036 个缓存组,如图 5.2 所示,黑色直线表示写操作次数为 562。在 LRU 替换策略下,缓存组内的写操作次数也是不均匀的,写操作的次数在 381～1248 波动。其中平均写次数为 562,超过它的有 6 个缓存行(在黑色直线之上的部分)。如果能合理地将这些波动非常高且写操作次数多的缓存块迁移到 SRAM 上,那么缓存的功耗和磨损程度都将极大地减小。为此,第 1036 个缓存组中的缓存行的写寿命(即缓存中写次数最多的缓存行)可以提升 122%((1248－562)/562)。

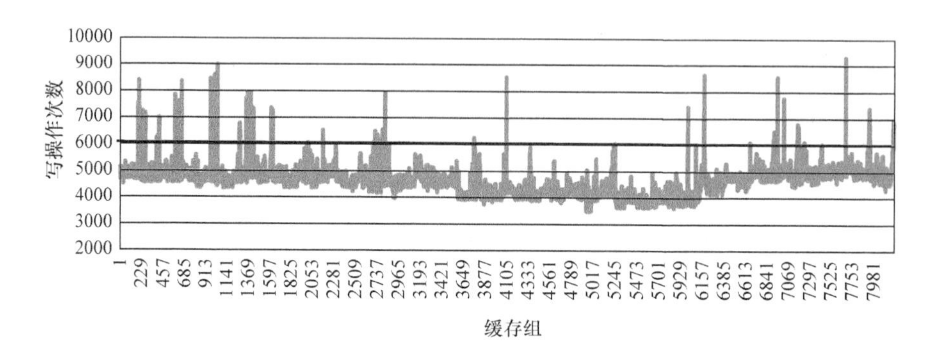

图 5.1 缓存组间写分布情况

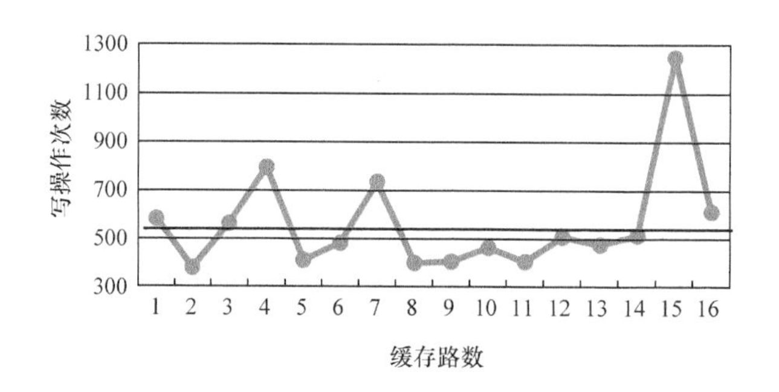

图 5.2 第 1036 个缓存组内的 16 路写分布情况

根据上述分析，考虑缓存组内和组间的写操作特性，本章采用 SRAM 缓存辅助非易失性缓存，减少非易失性缓存上的写压力，并将非易失性缓存上的写频繁的缓存块迁移到 SRAM 上。SRAM 上写功耗小且没有写寿命的问题，因此可以用于优化非易失性缓存的写操作压力。

5.2 磨损均衡技术指导缓存数据分配

本节首先介绍 SRAM 辅助新型非易失性缓存的磨损均衡方法的工作原理和架构设计，通过磨损均衡技术指导缓存数据的分配。然后，定义缓存磨损均衡性（即写波动）的评价指标。其次，为了优化缓存组间写操作的压力，提出写波动感知的缓存块迁移算法的设计思想，并详细的描述了算法的执行过程。最后，因为当前的缓存管理策略LRU会导致MRU端被频繁的访问，故为了进一步优化缓存组内的写操作压力，提出缓存组内阈值指导的缓存块迁移算法的设计思想，并详细的描述算法的执行过程。

5.2.1　SEAL方法的设计

SEAL方法使用了混合缓存架构，即由SRAM和NVM组成的。但是，这种架构方式和目前基于路数架构的混合缓存不一样，并且基于路数的混合缓存架构不能解决缓存组间写波动的问题，而SEAL方法将SRAM作为一个小模块，用于辅助NVM优化写压力。SEAL架构充分使用NVM的漏电功耗低、存储密度高及非易失性和SRAM的写功耗低、使用寿命长、写速度快等优点，尽量避免它们各自的缺点。对于NVM缓存组和组内的缓存块，如果它们的写操作频繁，那么可以将它们重定向到SRAM中，NVM缓存组间和组内的写压力可以迅速的下降，缓存访问的分布也更加均衡，系统的功耗也会相应的减少。

缓存的详细结构如图5.3所示。该结构图含有混合缓存的架构方式和SEAL方法的控制逻辑。混合缓存的架构方式包括SRAM和NVM两部分，其中NVM的每一个缓存组都有一个写操作计数器，另外每个缓存块还添加了一个标志位flag(1表示缓存块在SRAM中，0表示缓存块在NVM中)。当CPU向缓存中写入数据时，如果写操作命中NVM，则增加缓存组写操作计数器。如果缓存块从NVM迁移到SRAM中，缓存块的flag标志将需要被修改。下次访问被迁移的缓存块时，将根据flag标志位判断缓存块具体在混合缓存的哪个位置。与缓存数据写入过程一样，当CPU读取缓存中的数据时，将根据缓存访问地址中的flag标志来判断此缓存块在混合缓存中的位置，然后再根据 tag 查找对应的缓存块并将其读取出来。SEAL 方法的控制逻辑用于控制缓存的访问和迁移操作，主要是根据缓存的波动情况控制的。对于每次缓存访问，首先会判断当前测试程序的运行时间是否达到预设的缓存组间写波动检测周期 K，如果已经达到该周期，则通过磨损均衡技术迁移缓存组中的缓存块；否则，检测缓存组内写压力情况，并使用磨损均衡技术迁移缓存组内的缓存块(详细的算法设计见 5.2.3 节和 5.2.4 节)。

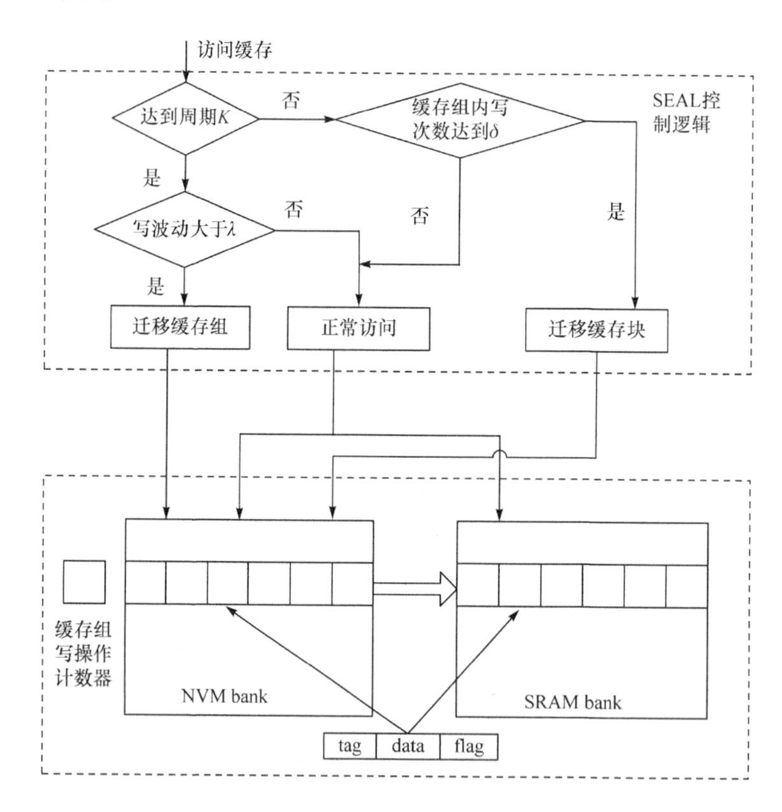

图 5.3　SEAL 架构下的缓存结构图

图 5.4 显示了测试程序在 SEAL 方法架构下运行时，不同时间点缓存块的迁移情况。假设混合缓存架构是由 8 路组相连的 NVM 缓存和小容量 SRAM 缓存构成，然后选择测试程序运行过程中的三个不同时间点 $t1$、K 和 tn(K 为缓存组间写波动检测的周期，$t1$ 和 tn 为普通任

意时间点)，并在这些时间点分别检查 NVM 缓存的访问状态。测试程序运行到 $t1$ 时间点，并且假设缓存组 2 中的写操作过多，缓存组内写操作不均匀，那么访问较频繁且靠近 MRU 端的缓存块数据将被迁移到 SRAM 中，后续访问过程中冷数据块就有机会写入 MRU 端的存储单元中。对于每个缓存组，测试程序将会重复执行上述流程，为此，将会大大的缓解缓存组内的写操作压力，并能渐渐地减少缓存组内的磨损程度(算法的详细设计见 5.2.4 节)。测试程序运行到 K 时，即到达缓存组间写波动的检测周期，假设 NVM 的第 6 个缓存组内写操作数量特别多，那么将第 6 个缓存组中的所有缓存行数据迁移到 SRAM 中，缓存组间的写波动和混合缓存的写压力够将极大减小(详细的算法设计见 5.2.3 节)。与 $t1$ 时间点类似，第 4 个缓存组在 tn 时刻将会执行缓存块迁移操作。

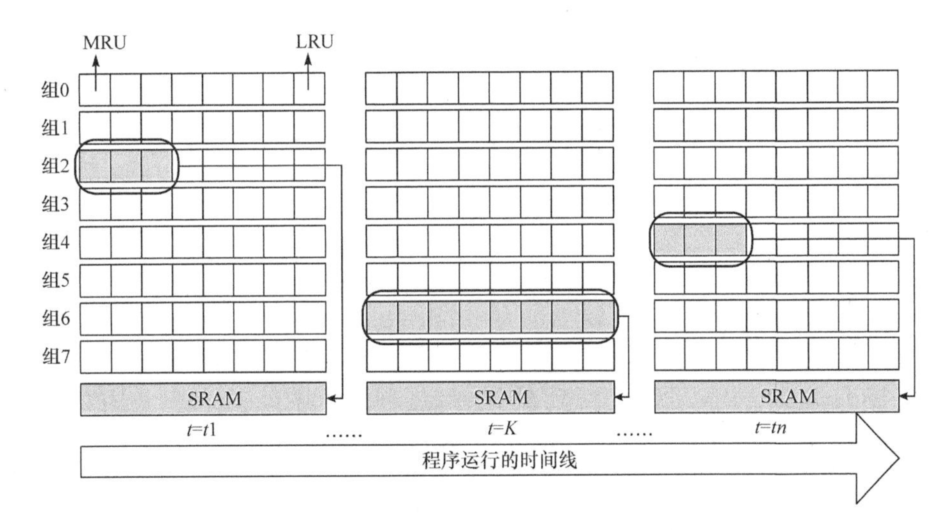

图 5.4　SEAL 架构下不同时刻的数据迁移情况

5.2.2　评价指标定义

缓存的访问功耗将通过缓存的读写访问次数和其对应的访问功耗进行计算，而缓存的性能通过 IPC(instruction per cycle)来评价。

为了评价缓存存储单元的磨损程度情况，可以通过缓存写操作的波动特性来评估，因为它能反映出缓存的磨损均衡程度[14,15]。为此，我们将量化缓存存储单元的写波动，缓存组的数量用 S 表示，缓存组的相联度用 A 表示，第 i 组第 j 路缓存存储单元上的写操作次数用 $w_{i,j}$ 表示。缓存中所有存储单元的平均写次数用 W_{avg} 表示。这样缓存组间写波动的相关系数可以用 InterV 表示[14,15]，也就是缓存组间写强度的平均标准方差，可以定义为

$$\text{InterV} = \frac{1}{W_{\text{avg}}}\sqrt{\frac{\sum_{i=1}^{S}\left(\sum_{j=1}^{A} w_{i,j}/A - W_{\text{avg}}\right)^2}{S-1}} \tag{5.1}$$

缓存组内的写波动相关系数可以用 IntraV 表示[14,15]，也就是缓存组内写强度的平均标准方差，具体可以定义为

$$\text{IntraV} = \frac{1}{W_{\text{avg}}S}\sum_{i=1}^{S}\sqrt{\frac{\sum_{j=1}^{A}\left(w_{i,j} - \sum_{j=1}^{A} w_{i,j}/A\right)^2}{A-1}} \tag{5.2}$$

缓存组间和组内的写波动特点均是通过平均的标准方差来评估的。这两个波动系数 InterV 和 IntraV 的值越小，表示缓存组间和组内的写操作波动越小，那么缓存磨损的程度越小，并且 NVM 上的写操作减少的也越多[14]。从整体上看，上述两种评价方法从缓存块上的平均写操作和每个存储单元上的写操作考虑的。

为进一步评估缓存的寿命情况，可以从缓存存储单元磨损最坏的时候考虑，即只要有一个存储单元损坏即可认为存储器件已损坏，就可用混合缓存中缓存块写次数最多那个来衡量缓存的寿命。综合以上几种评估思路可以评价本章方法的效果。文献[14]，[15]，[18]，[22]都采用这种评价方法。

5.2.3　缓存组间数据迁移策略

1. WVOM 算法思想

WVOM 是写波动感知的缓存块迁移算法，主要用于将写强度高的 NVM 缓存组中的缓存块迁移到 SRAM 中，减少 NVM 缓存组的写压力。算法的核心思想如下：测试程序每运行一段周期，如果检测到缓存组之间的写波动很小，则正常执行缓存访问操作；如果检测到缓存组之间的写波动过大，那么 WVOM 算法的核心步骤开始运行，集中精力减少写操作次数多的缓存组。算法的具体表现如下：缓存组间的写波动 InterV 会被 WVOM 算法周期性检测，如果发现它的值大于设定的波动阈值 λ 时，WVOM 算法会选择几个写操作次数最多的缓存组，然后将这些缓存组中的缓存块迁移到 SRAM 中，那么被迁移的缓存组的写压力减小了，写操作转移到了 SRAM 中，而 SRAM 的写功耗要低于 NVM，因此能减少缓存的整体功耗。在测试程序后续运行过程中，与其他缓存组相比，将迁移写操作过多的缓存组中的数据。这样缓存组间的写操作压力会越来越小，缓存的磨损也会更加均衡。同时，由于不断的减少写操作过多的缓存组的数量，那么整个缓存组中的写操作总数也将大幅度减少，因此分配到缓存组内的每个缓存块上的写操作数量也将同步的减小。从整体上看，缓存的功耗减少了，并且也提升了缓存的寿命。例如，将图 5.1 中写操作次数超过 6000 的 139 个缓存组中的缓存块都转移到 SRAM 上，那么缓存组间的写分布会更均匀。

2. WVOM 算法设计

为了更清晰的描述 WVOM 算法，图 5.5 显示了写波动感知的缓存块迁移算法的伪代码表述形式。详细的执行流程如下：每当测试程序运行到写波动检测周期 K 时，缓存组间的写波动 InterV 首先被

WVOM 算法感知，然后计算一次该值，然后判断 InterV 是否在预先设定的波动阈值 λ 的范围内(第 1 行到第 2 行)，使用波动阈值控制 InterV 可以减少 WVOM 算法的计算开销。如果 InterV 超过 λ 时，运行缓存组间的磨损均衡技术，减少 NVM 缓存上的写操作压力。WVOM 算法先从 NVM 缓存组写操作计数器 $\mathrm{setWrites}_n$ 中选择写次数最多的 αN ($0<\alpha<1$，N 为缓存组数量)个缓存组，并且用 sids 记录这些缓存组的组号(第 4 行)，然后将缓存组号 sids 相对应的全部缓存组中所有缓存块都迁移到 SRAM 中，并采用 LRU 策略替换 SRAM 中的缓存块。当缓存块迁移结束后，便将原 NVM 中的这些缓存块状态位设置为无效，下次 CPU 再访问这些缓存块时，访问请求将被引导到 SRAM 中(第 5 行到第 7 行)。因为迁移缓存块的间隔周期 K 比较长，磨损均衡技术的操作过程引起的算法开销较小。当磨损均衡技术执行完成后将所有缓存组写操作计数器 $\mathrm{setWrites}_n$ 的值减半，这样做的目的一方面能减少计数器的存储开销，另一方面能保留缓存组当前的访问行为(第 8 行)。相反，如果 InterV 的值小于 λ，则说明缓存组间的写波动很小，前面执行过程中的缓存块迁移效果显著，那么当前不需要执行缓存块数据迁移操作，正常执行读写访问缓存操作即可(第 10 行)。

```
输入:  K:写波动检测周期;
       λ:InterV 的波动阈值;
       α:缓存组波动系数;
       N:缓存组的数量;
1:     FOR 每个周期 K DO
2:         IF InterV>λ THEN
3:             /* 执行缓存块迁移操作 */
4:             从setWrites_n 中选择写操作次数最大的 αN 个缓存组,并记录组号 sids;
5:             根据 sids 将这些缓存组中的缓存块迁移到 SRAM 中;
6:             使用 LRU 策略替换 SRAM 中的缓存块;
7:             根据 sids 将这些缓存组中的缓存块设置为无效;
```

```
8:          将setWrites_n 的值减半;
9:        ELSE
10:          正常执行缓存读写访问操作;
11:        END IF
12:     END FOR
```

图 5.5　写波动感知的缓存块迁移算法

5.2.4　缓存组内数据迁移策略

1. TUBI 算法思想

写强度高的缓存组中写操作次数可以通过 WVOM 算法来减少，这也能促进这些缓存组内写操作总次数进一步的减少，进而平均分配到每个缓存存储单元上的写操作次数也会相应减少，降低缓存组内整体磨损的程度。为加强针对缓存组内的磨损情况进行优化，然后提出阈值指导的缓存块迁移算法。该算法主要用于减少缓存组内磨损程度，并降低缓存的功耗。其核心思想如下：考虑到目前主流处理器的缓存设计，通常采用 LRU 替换算法管理缓存，LRU 策略根据缓存访问行为具有时间局部性的特征，将在 MRU 端频繁的写入缓存块数据，这样少量的缓存块的频繁访问将引起缓存组内的磨损不均衡的现象，从而导致靠近 MRU 端的存储单元磨损加速，整个缓存的寿命降低了。TUBI 算法重点解决这些缓存组内写频繁的热数据。当发现某个缓存组内写操作次数过多时，便将写局部性高的缓存块迁移到 SRAM 中。这些访问热的区域有机会获取其他冷数据，这促进了缓存组内的波动变小，因此能达到缓存组内磨损均衡的目的。TUBI 算法能将缓存组内的热数据迁移出去，降低缓存功耗，同时也间接减小了当前缓存组变为高写强度缓存组的概率，减少了迁移缓存组的次数少。

2. TUBI 算法设计

为了更清晰的描述 TUBI 算法，图 5.6 显示了阈值指导的缓存块迁移算法的伪代码表述形式。详细的执行流程如下：对于 NVM 缓存组的每一次写操作，TUBI 算法将查看该缓存组写操作总次数$\mathrm{setWrites}_n$是否达到阈值δ，如果达到写操作次数的阈值，那么将当前缓存组内靠近 MRU 端的φ个缓存块迁移到 SRAM 中(第 1 行到第 4 行)。然后，通过 LRU 策略替换 SRAM 中的缓存块，并将 NVM 中已经被迁移的φ个缓存块设置为无效状态。当 CPU 下次再访问这些已经被迁移的缓存块时，将通过缓存的 tag 在 SRAM 中查找相应的缓存块，在缓存中执行写操作(第 5 行到第 7 行)。TUBI 算法时刻感知所有缓存组内写操作的变化情况，算法的时效性得到了保证。考虑到缓存访问的局部性特点，接下来将已经迁移的热数据的写操作转移到 SRAM 上，冷数据有机会载入到热的缓存行中，那么缓存的磨损程度更加均衡。对于每次执行写操作前的比较操作，由于只需要一个比较器硬件电路，用来判断缓存组内写操作次数是否达到阈值，即比较每个 NVM 缓存组内写操作次数和δ的大小，比较器电路开销较小[15]。最后，如果缓存组写操作次数$\mathrm{setWrites}_n$ 未达到阈值，那么就执行正常的缓存读写访问操作。

```
输入:  δ:控制缓存组内写数量的阈值;
       φ:缓存组内待迁移的缓存块数量;
 1:    FOR 每个缓存组 n 的写操作 DO
 2:        IF setWrites_n %δ == 0 THEN
 3:            /* NVM缓存组内写次数到达δ时,便迁移该组内 MRU 端的φ个缓存块到 SRAM 中 */
 4:            将当前组中φ个写频繁的缓存块迁移到 SRAM 中;
 5:            使用 LRU 策略替换 SRAM 中的φ个缓存块;
 6:            将 NVM 中的φ个缓存块设置为无效;
 7:            执行写操作;
 8:        ELSE
 9:            正常执行缓存读写访问操作;
10:        END IF
11:    END FOR
```

图 5.6　阈值指导的缓存块迁移算法

5.3　实验评估

本节首先介绍实现本章方法的实验环境和参数配置，同时描述SEAL方法的具体实现细节。然后，介绍测试本章方法所采用的基准测试程序集及其特征，从缓存的功耗、缓存的磨损均衡性和缓存的寿命等关键实验结果验证本章提出的SEAL方法的有效性。最后，讨论和分析系统的性能、参数选取的方法和硬件的开销情况。

5.3.1　实验环境

本章采用gem5[31]模拟器来实现本章的方法。gem5可以从指令周期级模拟整个计算机硬件系统的运行状况。目标平台的模拟实验参数配置情况如表5.1所示。其中包括四核乱序执行的处理器，三级缓存结构和4GB大小的主存。三级缓存是共享混合缓存，由RRAM缓存和SRAM缓存共同构成混合缓存，本章的NVM以RRAM为例子进行说明，同时以小容量的SRAM缓存作为辅助RRAM磨损均衡。基准配置是没有做磨损均衡优化处理时的情形。表5.1中混合缓存的读写延迟和读写功耗等参数值是从修改过的CACTI[32]和NVSim[33]中获取。SEAL方法使用了多个参数，我们通过探索这些参数的多种组合及配置情况，选取最为合适的一组参数配置，其中K为1000万个周期，α为2%，N为8192个缓存组，λ为10%，δ为16，φ为3。

表5.1　模拟参数配置

参数	配置
处理器	4核乱序执行处理器，频率为3GHz，alpha架构
一级缓存	私有缓存，指令数据缓存为32KB，8路组相连，缓存块大小为64B，LRU，读写为2个周期
二级缓存	私有缓存，缓存大小为256KB，8路组相连，缓存块大小为64B，LRU，读写为8个周期

续表

参数	配置
混合三级缓存	共享缓存，1 个 RRAM bank 和 1 个 SRAM bank
RRAM bank	缓存大小为 8MB，16 路组相连，缓存块大小为 64B，LRU，读写为 15/66 个周期，读写功耗 0.58/0.93nJ
SRAM bank	缓存大小为 256KB，16 路组相连，缓存块大小为 64B，LRU，读写为 15 个周期，读写功耗 0.61nJ
主存	大小为 4GB，读写为 200 个周期

SEAL 方法的实现主要是修改模拟器中与缓存相关的代码。具体修改了模拟器中缓存的存储体系结构，将三级缓存修改成混合缓存架构，即两个 bank 的结构，包含 SRAM 和 RRAM。然后，将提出的磨损均衡方法加入到缓存的实现模块中，用于控制缓存块的访问和迁移操作。$setWrites_n$ 计数器是通过在每个缓存组中增加 40 位来存储和实现的，如果某个缓存组中发生写操作，那么对应的缓存组计数器将会增加 1。另外，算法中的其他参数配置都是常量，那么开销非常小。在 gem5 中，是使用软件方法实现缓存替换策略 LRU，而在真实硬件上通常是通过维护 age 计数器实现的。因此，在实现缓存组内磨损均衡策略时，可以通过 age 计数器来判断缓存块是否在 MRU 端。

为了测试所提出方法的效果，我们选取 PARSEC[30] 测试程序集，它是由多线程应用程序组成的。表 5.2 显示了所有选取的测试程序的特点，包含数据挖掘、金融分析、工程应用、图像处理和计算机视觉等多个领域。选取 simlarge 作为测试程序的输入集数据。为了有效评价实验效果，所有的测试程序都快速执行到感兴趣的部分，然后让测试程序预热执行 1 亿条指令，最后，让每个测试程序都执行 100 亿条指令，然后统计和分析实验结果数据。

表 5.2 测试程序集的特点

测试程序	应用领域	数据共享
blackscholes	金融分析	低
bodytrack	计算机视觉	高
canneal	工程应用	高
dedup	企业存储	高
facesim	动画	低
ferret	相似性搜索	高
fluidanimate	动画	低
freqmine	数据挖掘	高
streamcluster	数据挖掘	低
swaptions	金融分析	低
vips	图像处理	低
x264	图像处理	高

5.3.2 实验结果

为了评估本章所提方法的实验效果，本节详细对比和分析缓存的功耗、缓存的磨损均衡性(缓存组内组间的写波动系数)和缓存的使用寿命。

1. 功耗评估

NVM 缓存相对传统基于 SRAM 架构三级缓存，它的静态功耗非常低，因此采用 NVM 架构混合三级缓存可以极大地减少静态功耗。本章的方法主要是缓存的访问和迁移操作，因此只影响缓存的动态功耗，下面讨论和分析缓存的动态功耗，缓存的动态功耗包括额外功耗开销和 RRAM 中的缓存块迁移到 SRAM 带来的访问功耗收益(因为 SRAM 写功耗小于 RRAM)。i2WAP[14] 方法没有考虑功耗评估，在功耗方面，SEAL 方法将和基准配置进行对比。

图 5.7 显示了 SEAL 方法和基准配置归一化后的动态功耗对比情

况。可以看出，大多数测试程序的功耗都有所下降，除了 blackscholes 和 swaptions 测试程序的效果不够明显。平均来看，SEAL 方法的动态功耗比基准配置减少了 5.65%。这是因为 RRAM 中被迁移的缓存块的写操作转移到了 SRAM 中，而 SRAM 中的写功耗要小于 RRAM 中的写功耗，因此促进了整体动态功耗的减少。当然，SEAL 方法的迁移操作也会引入额外的功耗开销，例如缓存块迁移引起的功耗开销包括一次 SRAM 的写功耗和一次 RRAM 的读功耗。同时，还有针对标记和计数器的访问功耗开销，但是由于缓存的写波动检测周期设置的较长，约 1000 万个周期，因此这些额外的功耗开销也非常小，可以忽略不计。综合上面的分析，本章所提出的方法能有效地减少系统的整体功耗。

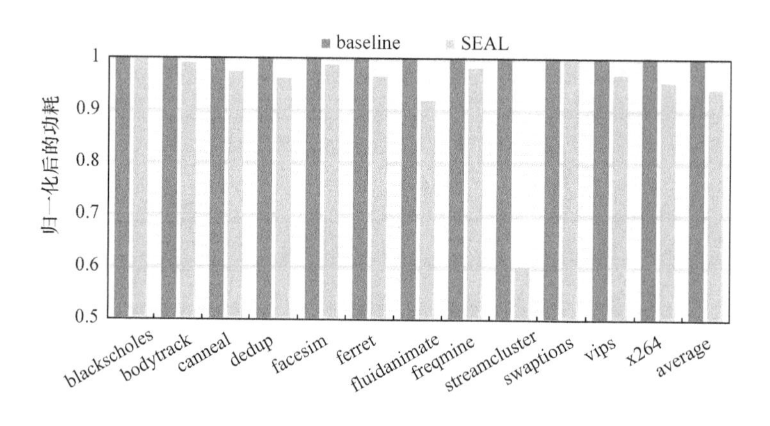

图 5.7　归一化后的功耗对比情况

2. 磨损均衡性评估

缓存组间和组内的写波动相关系数 InterV 和 IntraV 可以用来度量缓存的磨损均衡性。为了评价 SEAL 方法对缓存磨损程度的影响，我们选取了基准配置、i2WAP[14] 和 AYUSH[25] 等研究方法。AYUSH 方法的主要思想是提升基于 SRAM 和 NVM 混合缓存的寿命，同时使缓存组内 NVM 上的写操作数量减少，然而该方法没有优化缓存组间的写波动。由于文献[23]提出的方法的核心思想和 i2WAP 相似，并且文献[23]中的方法搜索待交换缓存组和修改硬件映射逻辑的开销较大，因此，本章选取 i2WAP 进行实验对比。由于 i2WAP 的缓存组间优化方法 SwS 要求测试程序运行 1000 亿条指令以上，才能满足缓存组间地址映射和交换的轮数越多，因此能达到缓存组间磨损均衡的目的。然而，现实中指令执行数量通常都达不到这个数量，故效果不够显著。因此，本章修改了 i2WAP 方法，将 WVOM 方法和 PoLF 方法结合在一起，简称 M-i2WAP(modified i2WAP)，然后与它进行对比。

图 5.8 显示了基准配置、M-i2WAP、AYUSH 和 SEAL 方法的缓存组内组间写波动的分布情况。可以看出，SEAL 方法的效果比较显著，均优于 AYUSH、M-i2WAP 和基准配置，从平均上看，缓存的整体写波动减少了 13.1%、8.5%和 34.2%。从缓存组内看，减少的缓存组内写波动分别为 5.2%、8.5%和 25.2%。从缓存组间看，与基准配置相比，SEAL 方法减少了 9%的写波动。以上结果表明，在 SEAL 方法下，各个存储单元的磨损程度变得更小，存储单元上的写操作分布也更加均匀，进而在整体上延长了缓存的寿命，提升 NVM 写操作的耐久性。例如，facesim 测试程序的组内写波动很小，SEAL 方法对其影响较小，但是它的组间波动很大，SEAL 方法能减少一半以上的写波动。然而，AYUSH 方法对 canneal 和 ferret 测试程序，减少缓存组间波动较细微。

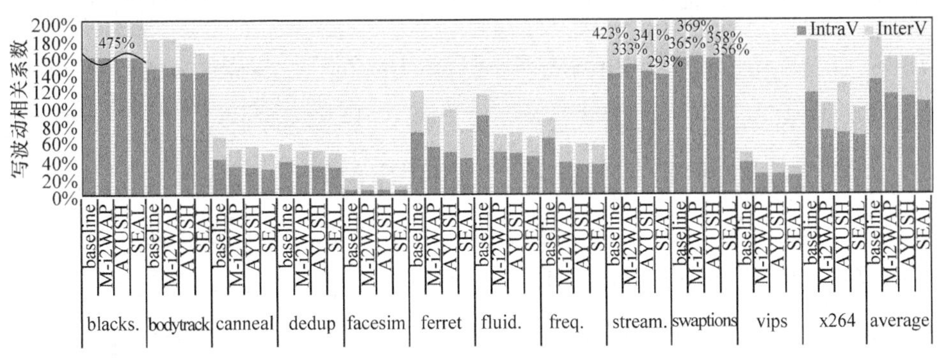

图 5.8　缓存组内和组间写波动对比情况

同样，对于 facesim 测试程序的缓存组间写波动影响较小，AYUSH 方法几乎没有减少缓存组间写波动。因为 AYUSH 方法只有缓存组内迁移写操作的方法，并不能减少缓存组间的写操作，且不能感知缓存组间的写波动。然而，SEAL 方法却能同时调节缓存组内和组间的写波动。由此可见，针对不同写强度的测试程序，SEAL 方法具有很强的适应性。

综上所述，SEAL 方法能减少缓存写波动的主要原因是，能根据测试程序的运行状态动态的感知缓存组中的写波动，并将波动较大的缓存组中的数据迁移到 SRAM 中。这样一方面，可以缓解 NVM 的写压力，降低缓存功耗。另一方面，可以提升系统的性能，因为 NVM 缓存中可以存放更多数据，并且 SRAM 的写性能比 NVM 要好。i2WAP 方法的不足之处在于不能检测程序运行过程中的写波动，同时周期性清除命中的缓存行存在一定的盲目性，且会损失系统性能。AYUSH 方法的局限性在于仅专注于解决缓存组内写压力，对缓存组间写波动影响较小，因此缓存的磨损均衡性提升效果有限。

3. 缓存的寿命评估

图 5.9 显示了在 M-i2WAP、AYUSH 和 SEAL 方法下缓存寿命归一化后的提升情况。因为缓存组内和组间的写波动减少了，所以缓存的寿命在一定程度上能得到提升。平均来看，SEAL、AYUSH 和 M-i2WAP 方法均能提升缓存的寿命，且效果显著。平均寿命提升为 175%、155%和 159%。在所有测试程序中，对于 blackscholes 和 swaptions 测试程序，它们的写波动都非常大，但是寿命却几乎没有提升，通过分析实验数据，我们发现这两个应用程序的写强度都非常低，绝大多数缓存组写操作小于 10 次，这样发生迁移的缓存块数量也非常少，因此 SEAL 方法发挥的作用也小。对于 dedup 测试程序，其缓存寿命提高的效果最为明显，因为 SEAL 方法能捕捉到 dedup 中写次数最多的缓存组和缓存行，并将它们都迁移到 SRAM，而 facesim 测试程序虽然

其写强度非常大，但是其组内和组间写波动均小于 dedup，故其寿命提升相对少一些。AYUSH 方法能提高缓存的寿命，但其提升效果均小于 SEAL 和 M-i2WAP 方法。可见，优化缓存组间写波动对于提升缓存的整体寿命是非常有必要的。例如，对于 facesim 测试程序，SEAL 和 M-i2WAP 方法均减少了缓存组间写波动，相应的缓存寿命提升效果均高于 AYUSH。SEAL 方法的效果均优于 AYUSH 和 M-i2WAP 方法，这说明采用 SRAM 辅助 NVM 缓存的效果更加显著，能转移 NVM 的写操作压力，从缓存组内和组间两个维度同时减少 NVM 上的写操作数量，从而延长 NVM 的寿命并降低缓存的功耗。

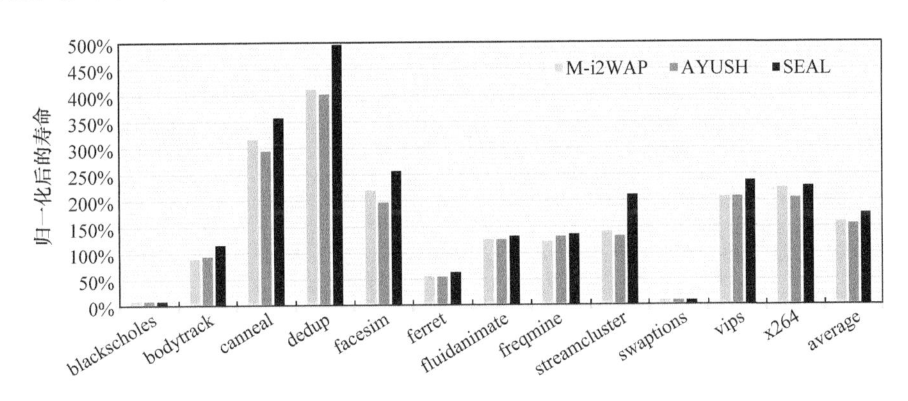

图 5.9　归一化后的缓存寿命提升情况

5.3.3　讨论与分析

为了进一步评价本章所提出方法，下面从系统的整体性能、参数选取分析和系统的硬件开销等方面进行了讨论。

1. 性能分析

图 5.10 显示了 M-i2WAP 和 SEAL 方法归一化后系统性能的对比情况，通过 IPC 度量系统的性能。平均来看，与基准配置相比，M-i2WAP 方法损失了 0.268%的性能，SEAL 方法却提升了系统的性

能约为0.735%。这是因为M-i2WAP方法需要周期性地清除刚命中的缓存行，进而减少缓存的命中率，系统的性能将会损失。因为缓存的写波动检测周期较长，缓存块的迁移操作并不不频繁。从图5.10的实验结果可以看出，SEAL方法引起的性能开销是非常小的，同时SEAL方法转移了NVM中的一部分写压力到SRAM中，SRAM的写性能又优于NVM，因此系统的性能获得了一定的提升。

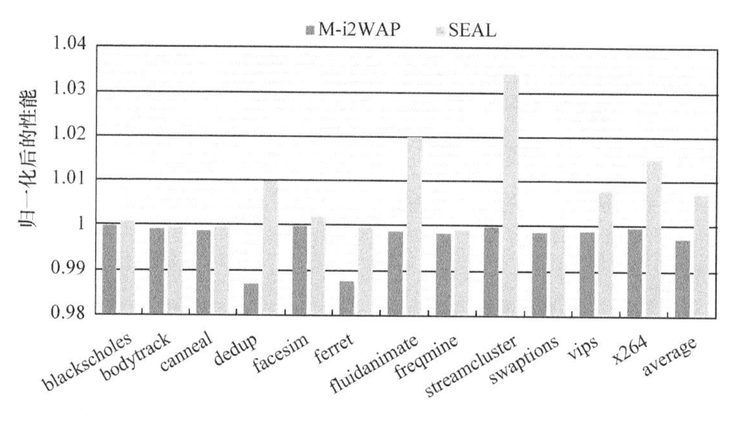

图5.10　归一化后的性能对比

2. 参数选取分析

为了使SEAL方法的效果发挥到最大，需要挑选适当的参数进行评估。我们测试了多种参数的组合情形，由于测试情况比较多，现在仅列出所有参数配置组合中具有代表性的六组($G1$和$G2$等)，如表5.3所示。相应的实验结果如图5.11所示，图中展示了以上参数配置组合下性能对比情况。从整体的平均性能来看，比较适当的参数配置是$G3$这一种组合，对于其他参数组合情形都有略微的性能损失。因为对于WVOM算法，综合考虑算法效果和系统开销，测试程序运行的周期K为1000万个周期时，实验效果和系统开销较为均衡。如果当测试程序运行的周期太短时，WVOM算法会经常检查写波动，因此算法开销过大；如果当测试程序运行的周期太长时，算法感知缓存访问的局部性就不够。缓存组间波动阈值λ是用于辅助WVOM算法减少运行时开销的，因为当测试程序运行后，如果缓存组的写波动很小，WVOM 算法可以不用执行，故 λ 设置为 10%。α 是用于选取多少个写次数最多的缓存组将会发生迁移，通过对实验结果的详细分析，只有少量的缓存组在每个访问周期里面写次数过多，而通常这些缓存组中的缓存块对缓存的波动和寿命影响较大，当 α 选取为 2%时，写操作最多的缓存组已经能够被感知和获取。对于 TUBI 算法，我们对多组参数配置情况进行了测试，δ 为 16，φ 为 3 时，能保证已经迁移的缓存块数据被再次访问的局部性，缓存组内写操作过大的情况也可以避免。根据 PARSEC 测试程序测试出这些参数的选取方式，如果希望该参数应用于其他类型的测试程序，如大数据应用程序 BigdataBench 等，那么需要根据对应的测试程序进行参数的选取和优化。

表 5.3　六组参数配置

组	K	λ	α	δ	φ
$G1$	5M	5%	2%	16	3
$G2$	5M	10%	2%	16	3
$G3$	10M	10%	2%	16	3
$G4$	10M	10%	2.5%	16	3
$G5$	15M	15%	2.5%	24	3
$G6$	15M	15%	2.5%	24	4

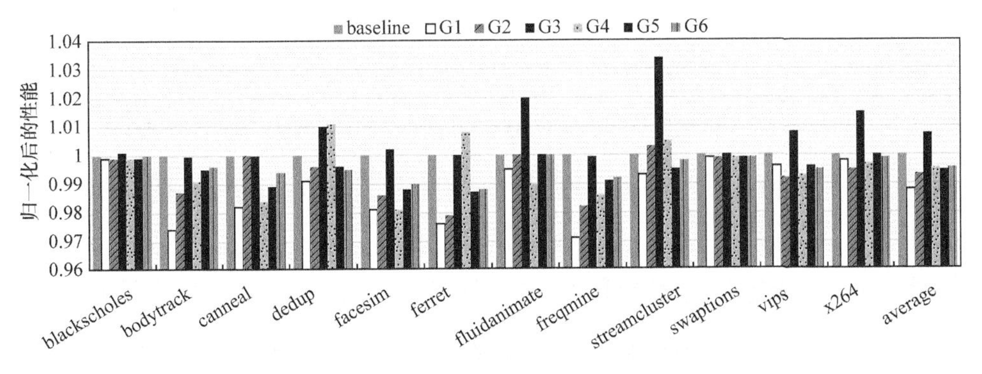

图 5.11　不同参数配置下的归一化性能对比

3. 硬件开销分析

SEAL 方法引入的硬件开销主要包括额外的参数阈值、记录缓存组的写次数的参数 $setWrites_n$、两个比较器电路和 SRAM 存储空间。SRAM 的存储空间和 $setWrites_n$ 为主要开销，SRAM 的存储空间开销为 3.1%(256KB/8192KB)，当然如果想进一步减少 NVM 磨损和降低缓存的功耗，可以适当加大 SRAM 的存储空间。另外，使用 40 位存储空间记录每个缓存组的计数器 $setWrites_n$，那么它的开销为 0.49%。对于其他参数阈值，因为是固定的值，所需要的存储位数少，可以忽略不计。综合以上分析，相对于大容量的缓存，SEAL 方法的存储开销在可接收的范围内。

5.4 本章小结

本章主要研究基于磨损均衡技术的非易失性缓存功耗优化方法。NVM 是最有潜力取代 SRAM 缓存架构的下一代存储技术。NVM 具有漏电功耗低、存储密度高和可扩展性强等优点，然而 NVM 的写功耗较大和存储单元写操作次数有限。现有的缓存管理策略不能感知写操作的波动特性，根据这个发现，本章提出使用 SRAM 缓存辅助新型非易失性缓存，通过磨损均衡技术减少缓存的写操作。然后，使用 WVOM 算法感知缓存组间写操作的波动情况，并迁移写强度高的缓存组，同时使用 TUBI 算法迁移缓存组内写频繁的缓存块，用于减小缓存组内写操作。实验结果表明，本章所提出的方法可以降低系统的功耗，同时，使缓存组间和组内的写操作分布更加均匀，达到了很好的磨损均衡效果。缓存的寿命也相应地有较大幅度地提升，性能有略微的提高，额外的硬件开销也在可以接受的范围内。

参考文献

[1] 沈志荣,薛巍,舒继武. 新型非易失存储研究[J]. 计算机研究与发展,2014,51(2):445-453.

[2] Gammie G,Wang A,Mair H,et al. Smart reflex power and performance management technologies for 90nm,65nm,and 45nm mobile application processors[J]. Proceedings of the IEEE,2010,98(2):144-159.

[3] Borkar S. Design challenges of technology scaling[J]. IEEE Micro,1999,19(4):23-29.

[4] Chang M,Rosenfeld P,Lu S,et al. Technology comparison for large last-level caches(L3Cs):low-leakage SRAM,low write-energy STT-RAM,and refresh-optimized eDRAM[C]//Proceedings of the 19th International Symposium on High Performance Computer Architecture (HPCA2013). Shenzhen:IEEE,2013:143-154.

[5] Wu X X,Li J,Zhang L X,et al. Hybrid cache architecture with disparate memory technologies[C]//Proceedings of the 36th Annual International Symposium on Computer Architecture(ISCA 2009). New York:IEEE,2009:34-45.

[6] Li Y,Chen Y R,Jones A. A software approach for combating asymmetries of non-volatile memories[C]//Proceedings of the 2012 ACM/IEEE International Symposium on Low Power Electronics and Design(ISLPED 2012). New York:IEEE,2012:191-196.

[7] Venkatesan R,Kozhikkottu V. Augustine C,et al. TapeCache:a high density,energy efficient cache based on domain wall memory[C]//Proceedings of the 2012 ACM/IEEE International Symposium on Low Power Electronics and Design. New York:IEEE,2012:185-190.

[8] 冒伟,刘景宁,童薇,等. 基于相变存储器的存储技术研究综述[J]. 计算机学报,2015,38(5):944-960.

[9] Mittal S,Vetter J S,Li D. A survey of architectural approaches for managing embedded DRAM and non-volatile on-chip caches[J]. IEEE Transactions on Parallel and Distributed Systems,2015,26(6):1524-1537.

[10] Xue C J,Sun G,Zhang Y,et al. Emerging non-volatile memories:opportunities and challenges[C]//Proceedings of the 2011 9th International Conference on Hardware/Software Codesign and System Synthesis(CODES+ISSS). Piscataway NJ:IEEE,2011:325-334.

[11] Chen E,Apalkov D,Diao Z,et al. Advances and future prospects of spin-transfer torque random access memory[J]. IEEE Transactions on Magnetics,2010,46(6):1873-1878.

[12] Caulfield A M, Coburn J, Mollov T, et al. Understanding the impact of emerging non-volatile memories on high-performance, io-intensive computing[C]//Proceedings of the 2010 ACM/IEEE International Conference for High Performance Computing, Networking, Storage and Analysis. Piscataway NJ: IEEE Computer Society, 2010: 1-11.

[13] Hosomi M, Yamagishi H, Yamamoto T, et al. A novel nonvolatile memory with spin torque transfer magnetization switching: Spin-RAM[C]//Electron Devices Meeting, 2005. IEDM Technical Digest. IEEE International. Piscataway NJ: IEEE, 2005: 459-462.

[14] Wang J, Dong X Y, Xie Y, et al. i2WAP: improving non-volatile cache lifetime by reducing inter-and intra-set write variations[C]//Proceedings of the 2013 IEEE 19th International Symposium on High Performance Computer Architecture (HPCA2013). Shenzhen: IEEE, 2013: 234-245.

[15] Mittal S, Vetter J S. EqualWrites: reducing intra-set write variations for enhancing lifetime of non-volatile caches[J]. IEEE Transactions on Very Large Scale Integration (VLSI) Systems, 2015, 24(1): 103-114.

[16] Qureshi M K, Karidis J, Franceschini M, et al. Enhancing lifetime and security of PCM-based main memory with start-gap wear leveling[C]//Proceedings of the 42nd Annual IEEE/ACM International Symposium on Microarchitecture. New York: ACM, 2009: 14-23.

[17] Kim Y B, Lee S R, Lee D, et al. Bi-layered RRAM with unlimited endurance and extremely uniform switching[C]//Proceedings of the 2011 Symposium on VLSI Technology (VLSIT). Honolulu: IEEE, 2011: 52-53.

[18] Lin I C, Chiou J N. High-endurance hybrid cache design in CMP architecture with cache partitioning and access-aware policies[J]. IEEE Transactions on Very Large Scale Integration (VLSI) Systems, 2015, 23(10): 2149-2161.

[19] Zhao M Y, Lei J, Zhang Y T, et al. SLC-enabled wear leveling for MLC PCM considering process variation[C]//Proceedings of the 51st Annual Design Automation Conference (DAC). New York: IEEE, 2014: 1-6.

[20] Seong N H, Woo D H, Lee H H S. Security refresh: prevent malicious wear-out and increase durability for phase-change memory with dynamically randomized address mapping[C]//Proceedings of the 37th Annual International Symposium on Computer Architecture (ISCA). New York: ACM, 2010: 383-394.

[21] Asadinia M, Arjomand M, Azad H S. Prolonging lifetime of PCM-based main memories through on-demand page pairing[J]. ACM Transactions on Design Automation of Electronic Systems(TODAES), 2015, 20(2): 1-23.

[22] Joo Y, Niu D, Dong X, et al. Energy-and endurance-aware design of phase change memory caches[C]//Proceedings of the Conference on Design, Automation and Test in Europe. Leuven: IEEE, 2010: 136-141.

[23] Jokar M R, Arjomand M, Sarbazi-Azad H. Sequoia: a high-endurance NVM-based cache architecture[J]. IEEE Transactions on Very Large Scale Integration(VLSI) Systems, 2016, 24(3): 954-967.

[24] Mittal S. Using cache-coloring to mitigate inter-set write variation in non-volatile caches[J]. arXiv Preprint arXiv: 1310.8494, 2013.

[25] Mittal S, Vetter J S. AYUSH: a technique for extending lifetime of SRAM-NVM hybrid caches[J]. IEEE Computer Architecture Letters, 2015, 14(2): 115-118.

[26] Zhou P, Zhao B, Yang J, et al. Energy reduction for STT-RAM using early write termination[C]//Proceedings of the 2009 International Conference on Computer-Aided Design. New York: IEEE, 2009: 264-268.

[27] Bishnoi R, Oboril F, Ebrahimi M, et al. Avoiding unnecessary write operations in STT-MRAM for low power implementation[C]//Proceedings of the 2014 15th International Symposium on Quality Electronic Design(ISQED). Santa Clara: IEEE, 2014: 548-553.

[28] Ahn J, Yoo S, Choi K. DASCA: Dead write prediction assisted STT-RAM cache architecture [C]//Proceedings of the 2014 IEEE 20th International Symposium on High Performance Computer Architecture(HPCA). Orlando: IEEE, 2014: 25-36.

[29] Chen Y T, Cong J, Huang H, et al. Dynamically reconfigurable hybrid cache: An energy-efficient last-level cache design[C]//Proceedings of the Design, Automation & Test in Europe Conference & Exhibition(DATE). Dresden: IEEE, 2012: 45-50.

[30] Bienia C, Kumar S, Singh J P, et al. The PARSEC benchmark suite: Characterization and architectural implications[C]//Proceedings of the 17th International Conference on Parallel Architectures and Compilation Techniques. New York: IEEE, 2008: 72-81.

[31] Binkert N, Beckmann B, Black G, et al. The gem5 simulator[J]. ACM SIGARCH Computer Architecture News, 2011, 39(2): 1-7.

[32] Muralimanohar N, Balasubramonian R, Jouppi N P. CACTI 6.0: a tool to model large caches[J]. HP Laboratories, 2009: 22-31.

[33] Dong X, Xu C, Xie Y, et al. Nvsim: a circuit-level performance, energy, and area model for emerging nonvolatile memory[J]. IEEE Transactions on Computer-Aided Design of Integrated Circuits and Systems, 2012, 31(7): 994-1007.

第 6 章　基于数据分配技术的混合缓存功耗优化

摩尔定律是集成电路和半导体领域的重要定律，影响着芯片的发展和变革，现代处理器芯片上集成的处理器核心越来越多。为了解决处理器和主存之间的“存储墙”问题，大容量的最后一级缓存起到了非常重要的作用。传统基于 SRAM 架构的缓存面临严峻的挑战，因为它存在漏电功耗高、存储密度小和可扩展性差等缺点[1~3]。为了克服这些问题，学术界和工业界大量的研究和探索了许多新型非易失性存储技术，特别是 STT-RAM 技术越来越受到人们的广泛关注，在未来 STT-RAM 是非常有潜力构建大容量缓存的存储技术。和 SRAM 对比，STT-RAM 具有功耗高和存储密度大等优势[4~6]。

STT-RAM 有如此多的好处，尽管如此，研究者发现阻碍 STT-RAM 架构片上缓存的主要因素是它有写延迟长和写功耗高等缺点。同时 STT-RAM 具有读写不对称的特性[7~9]。为了优化 STT-RAM 写性能差的问题，研究者提出混合缓存架构，即充分利用 SRAM 和 STT-RAM 各自的优点，将两者组合在一起构建片上缓存，减少 STT-RAM 上的写操作。许多研究者从体系结构的角度提出构建混合缓存的方法，如基于路数(way-based)的混合缓存[10]、基于区域(region-based)的混合缓存[11]和缓存各个层次使用不同存储技术构建混合缓存[12]。在这些架构和设计的基础上，许多研究者提出缓存块数据分配和迁移的方法，用于将写频繁的缓存块分配到 SRAM 上，因为 SRAM 的写操作代价要远远小于 STT-RAM 上的写操作代价，从而减少 STT-RAM 的写压力[13~20]。缓存整体功耗和性能都得到了大幅度地提升。

虽然目前有不少研究者从多个角度提出优化缓存的方法。然而，一些方法仅通过缓存的访问类型(core、prefectch 和 demand-write[5]、读和写[6])来鉴别写频繁的缓存块,这些信息是不够的且识别的缓存块类型不够精确。一些研究者提出在混合缓存中采用缓存块迁移方法,对于频繁迁移的缓存块将产生额外的迁移开销[11,15,16]。一些方法采用编译技术优化混合缓存,这需要编译器提供静态标识,这在有些情形下不太实际[17~19]。一些研究者也提出采用体系结构级方法架构及优化混合缓存[21~23]。一些研究者采用缓存一致性协议控制混合缓存数据分配[24]。近期有研究者提出预测性混合缓存架构,通过预测缓存块的写强度来分配缓存数据块,但该方法会带来不可忽视的开销[20]。同时,Kim 等[25]也提出基于复用距离的混合缓存架构方法,然而该方法仅适用于独占缓存,限制了它的广泛应用。

针对上述这些情况,本章发现缓存的访问行为可以通过统计数据进行量化,因此提出统计行为指导缓存数据分配(statistical behavior guided block placement,SBOP)的方法。该方法的核心思想如下:首先,SBOP 将缓存块分为只读缓存块、只写缓存块和交替性访问(interleaved-access)缓存块。然后,专注于优化交替性访问缓存块的能耗。最后,根据从历史访问数据中收集的读写统计信息来指导缓存数据的分配。实验评估结果表明,本章提出的方法能以低能耗的方式分配缓存数据,在保证系统执行时间减少的情况下,显著的减少系统的功耗。

本章的组织结构如下:6.1 节是本章的研究动机,6.2 节介绍数据分配方法的实现细节,6.3 节介绍实验的评估方法和详细的实验结果,6.4 节总结本章的主要研究内容。

6.1 研究动机

在初步的研究过程中,首先从 PARSEC[26]测试集中选取一组多线程测试程序,然后在 gem5[27](详细的参数配置见 6.3.1 节)中运行这些程序，最后获取这些程序的读写访问行为。表 6.1 展示了一组代表性测试程序读写操作的统计数据，包括只读缓存块、只写缓存块和交替性访问的缓存块。这些数据都是当缓存块从缓存中替换出去时获取的，可以看出，不同的测试程序有不同的读写访问行为。交替性访问的缓存块占据了缓存中的主要部分。特别是对于 ferret 测试程序，交替性访问的缓存块的比重高达 82.5%，如何分配这些缓存块数据显得非常重要。

表 6.1　最后一级缓存中缓存块读写操作统计

测试程序	只读缓存块/%	只写缓存块/%	交替性访问的缓存块/%
canneal	26.2	19.7	54.1
dedup	29.3	22.9	47.8
ferret	7.8	9.7	82.5
x264	21.4	17.6	61

由上面的观察可知，这些缓存块的访问行为显示了能潜在的减少缓存功耗，如果能完美地将所有缓存块分配到合理的位置将能最小化功耗。为此，只写缓存块适合分配到 SRAM 中，因为 STT-RAM 的写功耗高。只读缓存块适合分配到 STT-RAM 中。读操作和写操作可以区分开来以获取更好的功耗和性能的平衡。更重要的是，要重点关注交替性访问的缓存块，这促使本章将探索一种合适的策略有效地将缓存块数据分配给 SRAM 和 STT-RAM。

6.2　数据分配方法

本节将介绍本章方法实现的详细细节。首先介绍缓存数据分配问题的定义，然后展示 SBOP 方法的体系结构设计，最后基于统计行为，从理论上分析缓存块数据分配对能耗减少的潜在好处。

6.2.1 问题定义

本章的目标是通过智能的分配缓存数据来减少混合缓存的访问功耗。为了达到这个目标，需要考虑混合缓存中的每个缓存块的读写操作行为。初始的时候，如果缓存块 A 被载入混合缓存的 SRAM 部分，那么针对这个缓存块 A 的整体访问功耗可以计算如下，即

$$E_{\text{SRAM}}=N_r\times E_r^{\text{S}}+N_w\times E_w^{\text{S}}+E_w^{\text{S}} \tag{6.1}$$

表 6.2 详细列出了混合缓存读写操作的符号定义和描述。式(6.1)表示自从这个缓存块 A 被载入到 SRAM 中后，在它被替换出去时，它被读取了 N_r 次和被写了 N_w 次。类似的，如果这个缓存块 A 初始时被载入混合缓存的 STT-RAM 部分，那么这个缓存块对应的整体访问功耗将变为

$$E_{\text{STT}}=N_r\times E_r^{\text{STT}}+N_w\times E_w^{\text{STT}}+E_w^{\text{STT}} \tag{6.2}$$

表 6.2 目标问题的符号定义

符号	符号对应的相关描述
N_r	缓存块被替换出去时读操作的次数
N_w	缓存块被替换出去时写操作的次数
E_r^{STT}	混合缓存中 STT-RAM 部分的读功耗
E_w^{STT}	混合缓存中 STT-RAM 部分的写功耗
E_r^{S}	混合缓存中 SRAM 部分的读功耗
E_w^{S}	混合缓存中 SRAM 部分的写功耗
P_r^i	$N_r=i$ 时的概率
P_w^j	$N_w=j$ 时的概率

很明显，当 $E_{\text{STT}}<E_{\text{SRAM}}$时，适合将缓存块分配到 STT-RAM 中，能减少缓存块 A 的整体访问功耗。相反，当 $E_{\text{STT}}>E_{\text{SRAM}}$时，适合将缓存块分配到 SRAM 中，这样也能减少整体功耗。假设缓存块 A 适合分配到 STT-RAM 中，那么可以根据式(6.1)和式(6.2)推导出缓存块数据分配的条件，即

$$\frac{N_r}{N_w+1} > \frac{E_w^{\mathrm{STT}} - E_w^{\mathrm{S}}}{E_r^{\mathrm{S}} - E_r^{\mathrm{STT}}} \tag{6.3}$$

这表明，如果缓存块的读写操作行为满足这个条件，那么这个缓存块分配到 STT-RAM 中时，缓存的功耗最小；否则，这个缓存块适合分配到 SRAM 中。通过这个简单的分析可以看出，缓存块数据分配方法展示出了功耗优化的巨大潜力。

注意到，当缓存块初始载入到混合缓存时，通常情况下是不可能立刻知道 N_r 和 N_w 的值。然而，我们可以通过缓存访问的统计行为来获取该缓存块的近似评估，然后在利用这些信息指导混合缓存数据的分配。

6.2.2 SBOP 方法架构

SBOP 方法是通过使用抽样数组(sampled sets)和预测表(predictor table)实现的。它们都是由 SRAM 存储器构成的，因为它们的容量非常小，所以开销也小。抽样数组是一个单独的小硬件模块，简称抽样器。抽样器中的每个缓存块包括一个有效位、一个 16 位的标记(tag)、一个 13 位的程序计数器(PC)[28]和两个 8 位的读写计数器[20,25]。抽样器是通过每个缓存块的指令地址(引起访问该缓存块的地址)追踪和记录缓存块的访问行为。指令地址是基于程序计数器的。为了减少抽样器的功耗和面积开销，选取混合缓存整个缓存组中的 1/32 的缓存组作为抽样数组。预测表记录了缓存的预测信息，包括一个标志位(flag bit)和一个 13 位的 PC，其中 PC 信息用于索引预测表。预测表用于预测给定 PC 值对应的下一次的缓存访问，如果标志位为 0，则适合将缓存块分配到 SRAM；如果标志位为 1，则适合将缓存块分配到 STT-RAM 中。

图 6.1 展示了 SBOP 方法的整体流程图。对于每一次访问抽样数组中的缓存块时，对应的程序计数器值和读写计数器值均会更新。对

于每个新插入的缓存块，其读写访问操作的次数初始化为0。当缓存块从抽样器中替换出来时，将通过收集缓存块的读写次数来获取统计信息。随后，将会计算该缓存块适合分配到哪个区域，该缓存块对应的标志位信息在预测表中也将被更新。详细的更新策略在6.2.3节介绍。

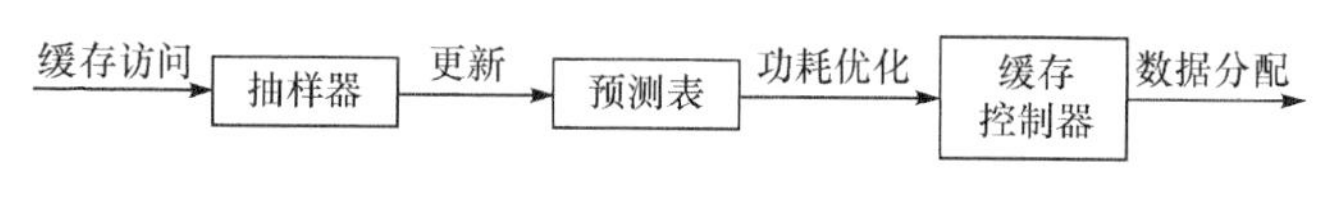

图6.1 SBOP方法的整体流程图

根据预测表内经过能耗优化过的缓存块标志位，当最后一级缓存收到一个缓存块插入请求时，缓存控制器将决定该缓存块数据的分配。缓存控制器将根据插入请求的PC值查找对应的标志位。如果标志位为0，则将该缓存块载入到SRAM中；反之，将该缓存块载入STT-RAM。

注意到本节的方法并不会在混合缓存中的SRAM和STT-RAM之间迁移缓存块数据。因为缓存块的迁移操作会带来不可忽视的面积开销和功耗开销。如果预测缓存块数据分配的方式足够精确，那么只有少量的缓存块需要被迁移，影响不是很大。尽管如此，如果本章的数据分配方法和缓存块迁移方法结合起来，将会更进一步减少缓存的功耗。为了展示本章数据分配方法的价值，未考虑混合缓存中的数据迁移情况。

6.2.3 SBOP方法的能耗优化

为了指导缓存数据的分配，在缓存块第一次插入混合缓存时，非常有必要知道缓存的访问行为。例如，未来一个缓存块的访问操作都是被写操作所主宰，那么将该缓存块分配到SRAM区域将极大地减少系统的功耗；相反，该缓存块适合分配到STT-RAM中。

通过收集缓存访问的统计结果，图 6.2 展示了缓存访问特征的分布情况。详细的实验参数配置信息见 6.3.1 节。缓存中所有缓存块的访问特征都被收集起来，然后将它们分为了三种类型。

① 只读(Read-only)类型。当缓存块被替换出去时，如果一个缓存块的所有访问操作都是读操作，那么就认为该缓存块为只读类型。也就是说，$N_r>0$ 和 $N_w=0$。

② 只写(Write-only)类型。当缓存块被替换出去时，如果一个缓存块的所有访问操作都是写操作，那么就认为该缓存块为只写类型。也就是说，$N_w>0$ 和 $N_r=0$。

③ 交替性访问(Interleaved-access)类型。当缓存块被替换出去时，如果一个缓存块的所有访问操作都是读操作和写操作交替进行的，那么就认为该缓存块为交替性访问类型。也就是说，$N_r>0$ 和 $N_w>0$。

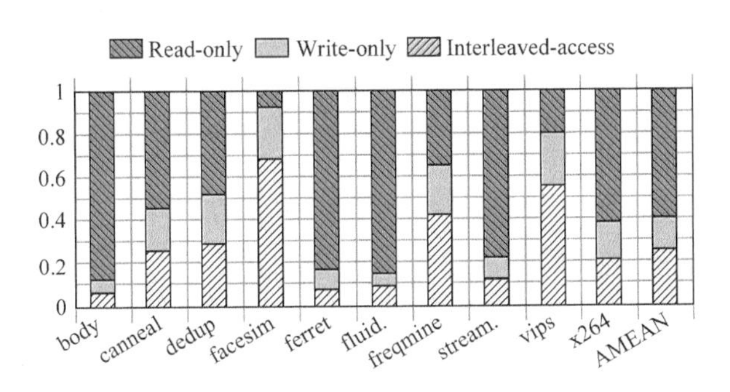

图 6.2　缓存访问特征的分布情况

从图 6.2 可以看出，不同的测试程序有不同的分布。从平均上看(average mean，AMEAN)，有 25.8%的只读缓存块、14.9%的只写缓存块和 59.3%的交替性访问缓存块，大多数缓存块的访问行为都是交替性访问类型，这就非常有必要优化这类缓存块的功耗。

针对上述情况，我们首先在抽样器中鉴别只读类型和只写类型的缓存块。当缓存块从抽样器中替换出去时，记录该缓存块的访问行为。如果该缓存块替换出去时 $N_r(N_w)$ 为 0，那么该缓存块被认为是只写类型(只读类型),然后对应的预测表中标志位更新为0(1)。未来预测为只读类型的缓存块将被分配到混合缓存的STT-RAM部分,而只写类型的缓存块将被分配到混合缓存的SRAM部分。这样针对这两种类型的缓存块的功耗都大大减少了。

对于交替性访问类型的缓存块,首先定义 N_r 和 N_w 的概率,以获取其值近似评估。它们的概率是通过抽样器中的缓存块的统计行为获取的。设 $X_{N_r=i}$ 表示在抽样器中 $N_r=i$ 的个数,那么 N_r 的概率 P_r^i 为

$$P_r^i = \frac{X_{N_r=i}}{\sum_{k=0}^{\infty} X_{N_r=k}} \tag{6.4}$$

类似的,设 $Y_{N_w=j}$ 表示在抽样器中 $N_w=j$ 的个数,那么 N_w 的概率 P_w^j 为

$$P_w^j = \frac{Y_{N_w=j}}{\sum_{k=0}^{\infty} Y_{N_w=k}} \tag{6.5}$$

为了更清晰的理解该公式,假设 (N_r, N_w) 表示一个缓存块的一对读写操作次数,并且我们有一组缓存块的读写访问次数对(1,2)、(2,3)、(2,3)、(4,3)和(5,1),那么 P_r^2 的值为2/5和 P_w^3 的值为3/5。

考虑到抽样器中缓存块的访问统计行为,如果一个缓存块 A 倾向于被分配到SRAM中,则其功耗表示为 $E_{\mathrm{SRAM}}^{\mathrm{A}}$;如果该缓存块倾向于分配到STT-RAM中,则表示其功耗为 $E_{\mathrm{STT}}^{\mathrm{A}}$。那么这两个值可以计算如下,即

$$E_{\mathrm{SRAM}}^{\mathrm{A}} = P_r^i \times i \times E_r^{\mathrm{S}} + P_w^j \times j \times E_w^{\mathrm{S}} + E_w^{\mathrm{S}} \tag{6.6}$$

$$E_{\mathrm{STT}}^{\mathrm{A}} = P_r^i \times i \times E_r^{\mathrm{STT}} + P_w^j \times j \times E_w^{\mathrm{STT}} + E_w^{\mathrm{STT}} \tag{6.7}$$

如果 $E_{\mathrm{STT}}^{\mathrm{A}} < E_{\mathrm{SRAM}}^{\mathrm{A}}$,那么缓存块 A 在将来被放置到STT-RAM中能减少系统功耗。通过比较式(6.6)和式(6.7),根据上述统计行为,可

以推导出触发缓存块被分配到 STT-RAM 的条件，即

$$\frac{P_r^i \times i}{P_w^j \times j + 1} > \frac{E_w^{\mathrm{STT}} - E_w^{\mathrm{S}}}{E_r^{\mathrm{S}} - E_r^{\mathrm{STT}}} \tag{6.8}$$

当式(6.8)中的条件被满足时，缓存块 A 的预测标志位被更新为 1，并立即存储在预测表中；反之，则该缓存块的预测标志位被更新为 0，同时将标志位信息存储在预测表中。

当交替性缓存块从抽样器中替换出去时，从式(6.8)可以看出，能很容易获取等式左边的值。很明显，如何分配数据到缓存中是以优化功耗最小为前提的，并通过抽样器中缓存访问的统计行为 P_r^i 和 P_w^j 获取缓存块的特征。基于这点，本章的方法是一种基于统计的缓存块数据分配方法。

6.3　实验评估

本节将通过实验评估统计行为指导缓存数据分配方法的有效性。首先介绍实验环境的配置，然后从缓存访问行为预测的准确性、动态功耗、系统运行时间和系统开销分析等角度详细的讨论和分析实验结果。

6.3.1　实验设置

本章的方法也是在 gem5[27]模拟器中实现的。表 6.3 显示了基准配置的参数设置，模拟了 4 核处理器和 2 级缓存架构，其中最后一级缓存为混合缓存配置。通过修改 gem5 中的经典缓存模型来实现基于路数架构的混合缓存。混合缓存的访问延迟和功耗是通过修改过的 CACTI[29]和 NVSim[30]模型获取的。

表 6.3　实验参数设置

参数	配置
处理器	4 核，主频为 2GHz
一级缓存	私有缓存，指令数据缓存大小为 32KB，2 路组相连，LRU，读写为 2 个周期，缓存块大小为 64B
混合缓存	共享缓存，缓存大小为 8MB，16 路组相连，LRU，缓存块大小为 64B SRAM 为 4 路 STT-RAM 为 12 路 SRAM 读写延迟：25 个周期 SRAM 读写功耗：0.308nJ STT-RAM 读/写延迟：25/60 个周期 STT-RAM 读/写功耗：0.216/0.685nJ
主存	大小 4GB，频率为 1600MHz，访问带宽为 12.8GB/s，读写为 200 个周期

本章所使用的测试程序是从 PARSEC[26] 测试集中挑选的，采用 simlarge 数据集作为应用程序的输入。这些测试程序拥有不同的读写操作行为。为了获得合理的评价结果，所有的测试程序都快速执行到感兴趣的部分，然后运行二十亿条指令。

为了实现本章提出的方法，在最后一级缓存中添加抽样缓存组和预测表。然后，修改缓存实现模块中的缓存块数据分配函数。最后，当缓存块插入到最后一级缓存时，缓存控制器根据预测信息控制数据的分配。为了评估方法的效果，本章选取缓存数据自适应分配和迁移(adaptive placement and migration，APM)[13]方法作为对比。在 APM 方法设计中，缓存块数据的分配是根据缓存访问的三种(core、prefetch、demand-write)特定类型来决定的。

6.3.2　预测准确性评估

缓存访问行为预测的准确性对所提出的 SBOP 方法非常重要。如果能正确有效的预测所有缓存块的行为，那么功耗减少的程度和性能提升幅度将会同时最大化。然而，完全正确预测是不太实际的，任何错误的预测都会带来额外的功耗开销和性能损失，因此应该尽力避免和减少这种情况的发生。

为了获取缓存访问行为预测准确性，在测试的过程中，我们通过一个追踪位（在实际情形下是不需要这个标示位的，这个位仅用于预测准确性的评估）来追踪最后一级缓存中已经被预测的缓存块，追踪位用于标识该缓存块目前在混合缓存中哪部分区域。当被预测的缓存块从最后一级缓存中替换出去时，将计算该缓存块实际的归属位置。如果它和追踪位标识的一致，那么针对该缓存块的预测是正确的；反之，则是错误的预测。

如图 6.3 所示，本章所提出的 SBOP 方法能获得较高的预测准确性，从平均上看，可以达到 87.1%。不同的测试程序的预测准确性是不同的。例如，对于 dedup 测试程序，它的预测准确性可以高达 98.2%。这表明，随着预测准确性的提升，缓存的统计行为能更好的反映缓存块的访问行为特征。大部分的缓存块能被分配到混合缓存的合适区域，以减少功耗，这也是缓存效率提升的主要原因。

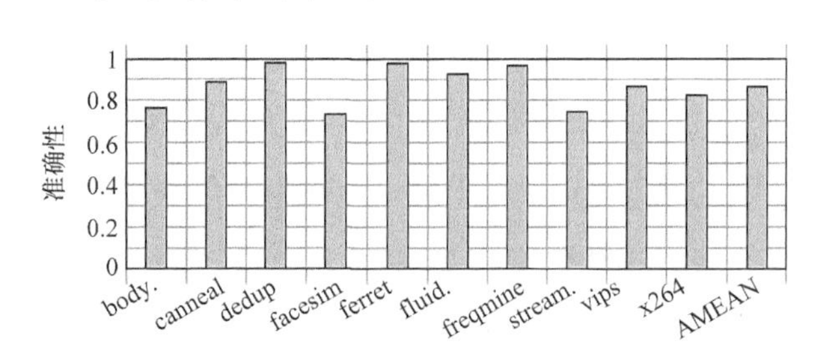

图 6.3　SBOP 方法预测的准确性

6.3.3　动态功耗评估

图 6.4 显示了基准配置、APM 方法和 SBOP 方法的归一化动态功耗的对比。正如所期望的一样，对于大多数 PARSEC 测试程序，SBOP 的效果优于 APM 方法和基准配置。大体上，功耗减少的程度和缓存块

行为预测的准确性息息相关。对于预测准确性高的测试程序，SBOP 有更大的潜力将预测的缓存块分配到合适的区域；反之，功耗减少的程度相对较小。例如，dedup 测试程序能减少功耗达 25.3%，而 streamcluster 测试程序仅能减少 7.5%的功耗，因为它的预测准确性相对于基准配置要低不少。

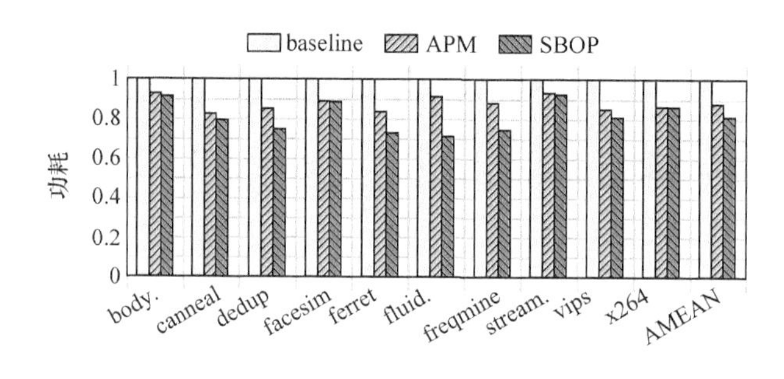

图 6.4 归一化后的功耗对比

从整体上来看，SBOP 方法相对于基准配置和 APM 方法，能平均减少动态功耗达 18.5%和 6.4%。这是因为 SBOP 方法比 APM 方法能更加有效的鉴别缓存块的特征，因此更多的缓存块数据被分配到混合缓存的正确位置。由此可见，智能的分配缓存块数据是非常有益的。

更重要的是，SBOP 方法能减少功耗的原因是它服从功耗优化的目标，能根据缓存块的统计行为找出缓存块最适合放置的区域。而 APM 方法仅通过缓存写访问的类型来鉴别缓存的访问行为。这种方式将错过许多写频繁的缓存块，相应的功耗减少的程度也小。

6.3.4 运行时间评估

图 6.5 展示了基准配置、APM 方法和 SBOP 方法的归一化运行时间的对比。对于大多数测试程序，SBOP 方法所需的运行时间均比基准配置和 APM 方法少。具体来说，性能提升的程度和能耗减少的趋势是非常相似的，但是没功耗减少的那么显著，这是因为本章的目标是功耗优化。相对于基准配置和 APM 方法，总的运行时间平均减少了 7.7%

和 3.3%。对于 freqmine 测试程序，与基准配置相比，它的性能提升到达 12.7%。对于 dedup 测试程序，能获得 10.2%的性能提高。可以看出，性能的提升程度也是与预测准确性相关的。错误预测的开销也较小，故能最大化缓存块数据分配的优势。还有一个有趣的事，缓存块访问行为的预测准确性越高，能同时促进功耗的减少和性能的提升。

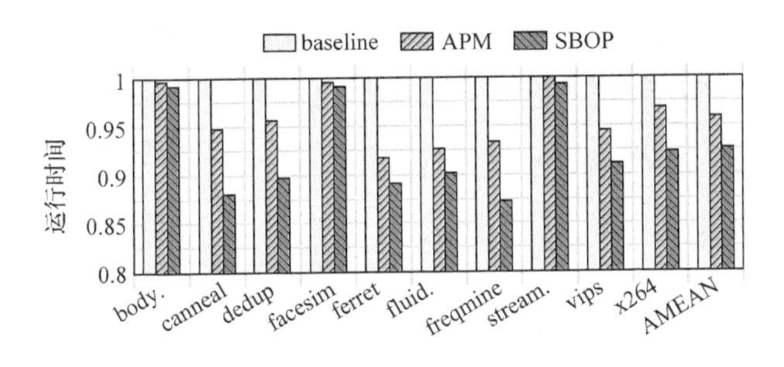

图 6.5　归一化后的运行时间对比

此外，性能提升的主要贡献来自减少了混合缓存中 STT-RAM 上的写操作次数，并且 STT-RAM 上的写延迟通常是 SRAM 上的写延迟的两倍之多。同时，STT-RAM 上写操作次数的减少是由于追求功耗优化目标智能分配缓存块引起的。

6.3.5　开销分析

本章提出方法的额外存储开销包括抽样缓存组和预测表。抽样缓存组总共有 256 个缓存组，每个缓存组中的缓存块需要一个有效位、一个 16 位的标记、一个 13 位的 PC 和 8 位的读写计数器。预测表则包括一个预测标志位和 13 位的 PC。预测表总共有 8192 个入口。因此，所提出的方法在缓存中的整体存储开销为 37KB(23KB+14KB，0.45%)，相对于大容量的缓存块，可以忽略不计。

抽样缓存组和预测表都不在缓存访问的关键路径上，这是因为抽样缓存组是和缓存访问一起并行更新的，而预测表仅在缓存访问缺失时才被访问。根据缓存延迟和功耗模型 CACTI 可知，该过程不会增加缓存访问的延迟和功耗开销。因此，运行时的开销也可以忽略不计。

6.4 本章小结

本章主要研究基于数据分配技术的混合缓存的功耗优化。在混合缓存中，合理的分配缓存数据能极大地降低缓存的功耗，根据这个发现，提出通过缓存访问的统计行为指导缓存数据分配的方法。该方法包含一个以能耗为导向的理论分析模型和一个低开销的预测器。这个分析模型能根据缓存读写访问的历史统计行为数据鉴别缓存块的特征。然后，使用预测器来指导缓存块数据的分配。使缓存块被分配到功耗最低的区域，充分利用混合缓存各部分的优势。实验评估结果表明，本章提出的方法能明显的降低混合缓存的功耗，同时能改善系统的性能。

参考文献

[1] Apalkov D, Khvalkovskiy A, Watts S, et al. Spin-transfer torque magnetic random access memory(STT-MRAM)[J]. ACM Journal on Emerging Technologies in Computing Systems (JETC), 2013, 9(2): 13.

[2] Sun Z Y, Li H, Wu W Q. A dual-mode architecture for fast-switching STT-RAM[C]//Proceedings of the 2012 ACM/IEEE International Symposium on Low Power Electronics and Design. New York: ACM, 2012: 45-50.

[3] Yazdanshenas S, Ranjbar Pirbast M, Fazeli M, et al. Coding last level STT-RAM cache For high endurance and low power[J]. IEEE Computer Architecture Letters, 2013: 73-76.

[4] Jiang L, Zhao B, Zhang Y T, et al. Constructing large and fast multi-level cell STT-MRAM based cache for embedded processors[C]//Proceedings of 49th ACM/EDAC/IEEE Design Automation Conference(2012DAC). Piscataway NJ: IEEE, 2012: 907-912.

[5] Mao M J, Li H, Jones A K, et al. Coordinating prefetching and STT-RAM based last-level cache management for multicore systems[C]//Proceedings of the 23rd ACM International Conference on Great Lakes Symposium on VLSI. New York: ACM, 2013: 55-60.

[6] Park S P, Gupta S, Mojumder N, et al. Future cache design using STT MRAMs for improved energy efficiency: devices, circuits and architecture[C]//Proceedings of the 49th Annual Design Automation Conference. New York: ACM, 2012: 492-497.

[7] Kwon K W, Choday S H, Kim Y, et al. AWARE(asymmetric write architecture with redundant blocks): a high write speed STT-MRAM cache architecture[J]. IEEE Transactions on Very Large Scale Integration Systems, 2014: 712-720.

[8] Zhou Y, Zhang C, Sun G Y, et al. Asymmetric-access aware optimization for STT-RAM caches with process variations[C]//Proceedings of the 23rd ACM International Conference on Great Lakes Symposium on VLSI. New York: ACM, 2013: 143-148.

[9] Bishnoi R, Ebrahimi M, Oboril F, et al. Asynchronous asymmetrical write termination (AAWT) for a low power STT-MRAM[C]//Proceedings of Design, Automation and Test in Europe Conference and Exhibition(2014DATE). Piscataway NJ: IEEE, 2014: 1-6.

[10] Chen Y T, Cong J, Huang H, et al. Dynamically reconfigurable hybrid cache: an energy-efficient last-level cache design[C]//Proceedings of the Conference on Design, Automation and Test in Europe. Bilgium: European Design and Automation Association, 2012: 12-16.

[11] Wu X X, Li J, Zhang L X, et al. Hybrid cache architecture with disparate memory technologies[C]//Proceedings of the 36th annual International Symposium on Computer Architecture(ISCA 2009). New York: ACM, 2009: 34-45.

[12] Zhao J, Xu C, Zhang T, et al. BACH: a bandwidth-aware hybrid cache hierarchy design with nonvolatile memories[J]. Journal of Computer Science and Technology, 2016, 31(1): 20-35.

[13] Wang Z, Jiménez D A, Xu C, et al. Adaptive placement and migration policy for an STT-RAM-based hybrid cache[C]//Proceedings of 2014 IEEE 20th International Symposium on High Performance Computer Architecture(HPCA). Piscataway NJ: IEEE, 2014: 13-24.

[14] Li J, Xue C J, Xu Y. STT-RAM based energy-efficiency hybrid cache for CMPs[C]//Proceedings of 2011 IEEE/IFIP 19th International Conference on VLSI and System-on-Chip (VLSI-SoC). Piscataway NJ: IEEE, 2011: 31-36.

[15] Jadidi A, Arjomand M, Sarbazi-Azad H. High-endurance and performance-efficient design of hybrid cache architectures through adaptive line replacement[C]//Proceedings of the 17th IEEE/ACM International Symposium on Low-power Electronics and Design. Piscataway NJ: IEEE, 2011: 79-84.

[16] Lin I C, Chiou J N. High-endurance hybrid cache design in CMP architecture with cache

partitioning and access-aware policies[C]//IEEE Transactions on Very Large Scale Integration(VLSI) Systems. New York:ACM,2015,23(10):2149-2161.

[17] Chen Y T,Cong J,Huang H,et al. Static and dynamic co-optimizations for blocks mapping in hybrid caches[C]//Proceedings of the 2012 ACM/IEEE International Symposium on Low Power Electronics and Design. New York:ACM,2012:237-242.

[18] Li Q G,Li J H,Shi L,et al. Compiler-assisted STT-RAM-Based hybrid cache for energy efficient embedded systems[J]. IEEE Transactions on Very Large Scale Integration(VLSI) Systems,2014,22(8):1829-1840.

[19] Qiu K,Zhang W,Wu X,et al. Balanced loop retiming to effectively architect STT-RAM-based hybrid cache for VLIW processors[C]//Proceedings of the 31st Annual ACM Symposium on Applied Computing. New York:ACM,2016:1710-1716.

[20] Ahn J,Yoo S,Choi K. Prediction hybrid cache:an energy-efficient STT-RAM cache architecture[J]. IEEE Transactions on Computers,2016,65(3):940-951.

[21] Sun G Y,Dong X Y,Xie Y,et al. A novel architecture of the 3D stacked MRAM L2 cache for CMPs[C]//Proceedings of 2009 IEEE 15th International Symposium on High Performance Computer Architecture(HPCA 2009). Piscataway NJ:IEEE,2009:239-249.

[22] Sun H B,Liu C Y,Xu W,et al. Using magnetic RAM to build low-power and soft error-resilient L1 cache[J]. 2012 IEEE Transactions on Very Large Scale Integration(VLSI) Systems,2012,20(1):19-28.

[23] Syu S M,Shao Y H,Lin I C. High-endurance hybrid cache design in CMP architecture with cache partitioning and access-aware policy[C]//Proceedings of the 23rd ACM International Conference on Great Lakes Symposinm on VLSI. New York:ACM,2013:19-24.

[24] Wang J X,Tim Y,Wong W F,et al. A coherent hybrid SRAM and STT-RAM L1 cache architecture for shared memory multicores[C]//Proceedings of 2014 19th Asia and South Pacific Design Automation Conference(ASP-DAC). Piscataway NJ:IEEE,2014:610-615

[25] Kim N,Ahn J,Seo W,et al. Energy-efficient exclusive last-level hybrid caches consisting of SRAM and STT-RAM[C]//Proceedings of 2015 IFIP/IEEE International Conference on Very Large Scale Integration(VLSI-SoC). Piscataway NJ:IEEE,2015:183-188.

[26] Bienia C,Kumar S,Singh J P,et al. The PARSEC benchmark suite:characterization and architectural implications[C]//Proceedings of the 17th International Conference on Parallel Architectures and Compilation Techniques. New York:ACM,2008:72-81.

[27] Binkert N, Beckmann B, Black G, et al. The gem5 simulator[J]. ACM SIGARCH Computer Architecture News, 2011, 39(2): 1-7.

[28] Wu C J, Jaleel A, Hasenplaugh W, et al. SHiP: signature-based hit predictor for high performance caching[C]//Proceedings of the 44th Annual IEEE/ACM International Symposium on Microarchitecture. New York: ACM, 2011: 430-441.

[29] Muralimanohar N, Balasubramonian R, Jouppi N. Optimizing NUCA organizations and wiring alternatives for large caches with CACTI 6.0[C]//Proceedings of the 40th Annual IEEE/ACM International Symposium on Microarchitecture. Piscataway NJ: IEEE, 2007: 3-14.

[30] Dong X, Xu C, Jouppi N, et al. NVSim: A Circuit-Level Performance, Energy, and Area Model for Emerging Non-Volatile Memory[M]//New York: Springer, 2014: 15-50.

第7章　基于周期性学习的多级非易失性缓存功耗优化

为了满足人们对低功耗和高性能电子设备与日俱增的需求，现代多核处理器大多采用多级缓存架构，传统缓存架构一般使用SRAM技术。然而，随着CMOS工艺尺寸的进一步下降，SRAM的漏电功耗大和伸缩性差将成为主要问题[1~3]。因此，研究者开始积极寻找SRAM的替代方案，STT-RAM的出现为传统存储技术带来了新的机遇，因为STT-RAM有存储密度高、漏电功耗低和伸缩性好等优点[4~6]。在未来，STT-RAM被认为是非常有潜力构建下一代片上缓存的存储技术[7,8]。

STT-RAM存储单元通常只能存储一位数据，故称为单级存储单元，它的数据位是由磁性隧道结的两个方向决定的[9,10]。通过多级存储单元设计可以增加STT-RAM的存储密度[11]。MLC可以在一个存储单元中存储两位或更多的位，因此近年来广泛地应用在存储技术中[12~14]。例如，MLC STT-RAM被用于构建大容量低功耗的片上缓存。与SLC相比，MLC的存储单元有多个MTJs，那么可以存储更多数据。通过合理的应用MLC STT-RAM存储技术可以进一步提升处理器的能效和性能[15]。

然而，MLC STT-RAM的访问速度通常都比SLC的慢。这是因为MLC读操作的逻辑检测需要一次额外的感知阶段，而写操作需要两步编程[9,16,17]。在体系结构级别，MLC STT-RAM的访问时间长和存储容量大将对系统的性能和功耗有负面影响[12]。更重要的是，MLC中的写操作代价也相当高。现有的2位MLC STT-RAM产品包含一个硬位(hard bit)和一个软位(soft bit)[18]。一个小的 MTJ(软位)的磁化方向将被对应具有较大的写转换电流的硬位所反转。为了避免这种现象的发生,对于硬位中的每一次写操作,存储在对应 MLC 软位中的数据必须首先被感知出来,等硬位写操作完成后再将该数据写回到软位中。这一操作过程将产生额外的功耗,并且会损失系统性能。

许多研究者从多个角度探索了 MLC STT-RAM 的优化方法,包括电路级方法[9,10,19]、位编码级方法[9,16,20]和体系结构级方法[17,18,21~25]。例如 Jiang 等[18]提出缓存块配对和交换的方法(line pairing and line swapping,LPLS)。LPLS 在读慢写快区域和读快写慢区域之间交换访问频繁的缓存块。这个交换操作将带来额外的读写开销,并且这些被交换的缓存块在其原始位置已经产生了功耗。为解决这一问题,本章以最后一级缓存为目标,提出基于周期性学习的自适应缓存块数据分配(periodic learning based adaptive block placement,PL-ABP)方法。PL-ABP 的主要思想是根据学习缓存的访问行为来决定缓存数据的分配。首先,定义 MLC 中缓存块数据分配问题,并给出贪心算法来解决这个问题。然后,离线分析缓存数据的访问行为。最后,通过周期性地学习上述行为来指导缓存数据的分配。实验评估结果表明,本章提出的方法能合理的分配缓存数据,能在减少功耗的同时减少系统的执行时间。

本章的组织结构如下:7.1 节介绍 MLC STT-RAM,7.2 节是本章的研究动机,7.3 节介绍周期性学习的自适应缓存块数据分配方法的实现细节,7.4 节介绍实验的评估方法和详细的实验结果,7.5 节总结本章的主要研究内容。

7.1　MLC STT-RAM 概述

SLC STT-RAM 的基本存储单元是磁性隧道结 MTJ,它由氧化阻挡层(MgO)分隔为自由层和参考层,如图 7.1(a)所示。而 MLC STT-RAM 则在一个存储单元中增加了一个 MTJ,代表另一个存储位。MLC 的存储单元有两种类型的设计:连续和并行结构的 MLC,如图 7.1(b)和图 7.1(c)所示。2 位连续的 MLC 是在一个存储单元中由两个 MTJ 垂直堆叠而成。而对于并行的 MLC,自由层被分割为两部分区域,这种结构广泛的采用在片上缓存的设计中[16]。本章假设使用并行的 MLC 结构。对于连续和并行 MCL 结构,两个磁极根据电流大小的不同进行切换方向。存储位的值则是由磁极方向确定的。需要大电流转换的磁极区域被称为硬位,而需要小电流转换的磁极区域被称为软位。软位比硬位要容易反转,因为软位需要较小的转换电流。

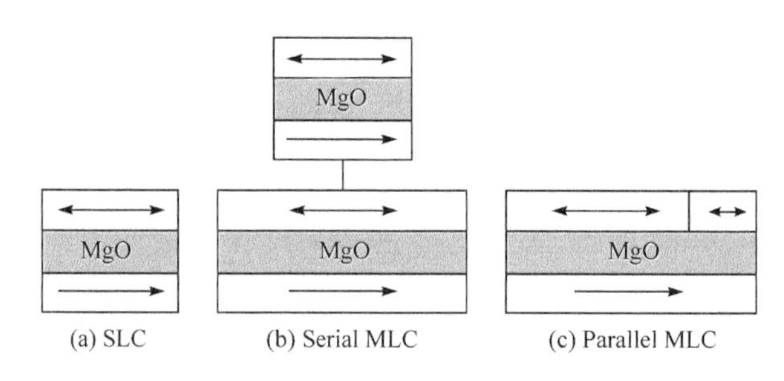

图 7.1　SLC 和 MLC 的存储单元结构

在 MLC STT-RAM 中,它的写操作要比 SLC 的复杂,一次转换电流可以改变 MTJ 的方向。由于一个访问晶体管控制一个存储单元中的两个 MTJ,写电流总是同时穿过两个 MTJ。硬位的转换电流要高于软位,因此一个小的转换电流就可以改变软位的磁极方向,而硬位仍然是原始状态。对于较大的转换电流,硬位和软位的磁极都会变为相同方向(如写入 00 或 11)[9,18]。根据这个特征,MLC 中引入了两阶段写操作方法,这导致 MLC 的写延迟要长于 SLC[15]。在体系结构级设计中,MLC 的异步写操作管理显得尤为重要。

为了使用 MLC 架构缓存,主要的挑战是如何在一个缓存块中组织缓存的数据位。有一种很直接的方法叫做直接映射策略,如图 7.2(a)

所示。一个512位(64-byte)的数据块 A 和 B 存储在连续的MLC单元中。图7.2(a)中的存储方式未区分硬位和软位,相应的,数据的访问延迟总是取最坏的情形[17]。直接映射策略忽略了软位的访问速度要快于硬位的事实。因为软位的数据编码仅需要小的转换电流,并且读取该数据只需要一次感知阶段,这一过程不会影响硬位[12,14]。

与直接映射策略不同,考虑软位和硬位的不同特征,本章选取跨单元映射(cell split mapping)策略,数据的组织和映射方式如图7.2(b)所示。MLC中的软位和硬位分别映射到软区域(soft region,SR)和硬区域(hard region,HR)。每个区域拥有不同的缓存块。也就是说,数据块 A 映射到软区域,数据块 B 映射到硬区域[12]。软区域的写延迟和功耗减少了,因为软区域的写操作可以通过一步编程完成。作为对比,硬区域的写操作的代价相对较大。在MLC的实际访问中,无法保证写频繁的缓存块都映射到软区域,因此合理利用跨单元映射这种组织结构的特点将能提高缓存管理的效率。

MLC	#0	#1	…	#510	#511
软位	A_0	A_2	…	B_{508}	B_{510}
硬位	A_1	A_3	…	B_{509}	B_{511}

(a) 直接映射

MLC	#0	#1	…	#510	#511
软位	A_0	A_2	…	A_{510}	A_{511}
硬位	B_1	B_2	…	B_{510}	B_{511}

(b) 跨单元映射

图7.2 MLC STT-RAM缓存块数据位的组织结构

7.2 研究动机

通过充分利用MLC STT-RAM的软区域和硬区域的优势可以减少缓存的功耗。LPLS方法[18]和BP方法的关键不同在于决定缓存块归属的时刻。对于 LPLS 方法，缓存块已经插入缓存中，然后通过计数器识别访问频繁的缓存块，在 SR 和 HR 区域交换这些缓存块。然而，数据分配方法则是在缓存块插入缓存前，通过预测的方式决定缓存块数据的分配。

为了探索上述两种策略的差异，图 7.3 展示了这两种方法的访问功耗情况。其中图 7.3(a)表示一系列缓存循环访问流 W_b 和 R_a 等。W_b表示一次缓存块 b 写入操作，R_a表示一次读取缓存块 a 的操作。软区域和硬区域存储着这些缓存块。假设一次循环中有 8 次缓存访问，并且 LPLS 设置的交换计数器为 2。软区域和硬区域的访问功耗如图 7.3 所示。在图 7.3(b)中，E_a 表示总共的访问功耗，$E_{R_a}^{SR}$($E_{W_b}^{HR}$)分别表示缓存块 a(b)在 SR(HR)区域中的读(写)功耗。可以看出，BP 方法的功耗(6.48nJ)要明显低于 LPLS 方法的功耗(11.79nJ)。这是因为 LPLS 方法要在缓存块 a 和缓存块 b 访问两次后再交换它们。这样它们在原始区域已经产生了访问功耗。更重要的是，这一过程带来了额外的读写交换开销。作为对比，BP 方法则在初始的时候就将缓存块 b 分配在 SR 中，缓存块 a 分配在 HR 中，这样额外的功耗开销就避免了。基于这个观察结论，本章提出周期性学习的自适应缓存块数据分配方法来重新组织和分配缓存块数据。

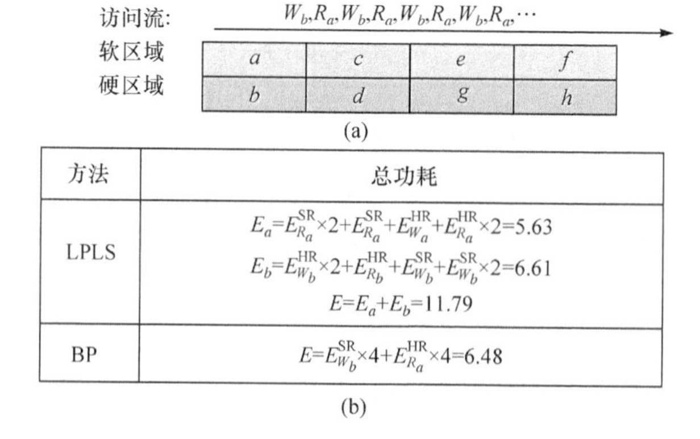

方法	总功耗
LPLS	$E_a=E_{R_a}^{SR}\times 2+E_{R_a}^{SR}+E_{W_a}^{HR}+E_{R_a}^{HR}\times 2=5.63$ $E_b=E_{W_b}^{HR}\times 2+E_{R_b}^{HR}+E_{W_b}^{SR}+E_{W_b}^{SR}\times 2=6.61$ $E=E_a+E_b=11.79$
BP	$E=E_{W_b}^{SR}\times 4+E_{R_a}^{HR}\times 4=6.48$

(b)

图 7.3　一个例子

7.3　周期性学习的自适应缓存块数据分配方法

本节首先展示缓存数据分配的问题定义。然后，离线分析缓存的访问行为并将缓存块进行分类。最后，给出 PL-ABP 方法的详细设计，并通过贪心算法置换缓存块数据分配。

7.3.1　问题定义

1. 问题形式化

MLC STT-RAM 缓存功耗的最小化问题可以定义为缓存块数据分配问题。假设一个缓存组中有软区域和硬区域，软区域中的存储单元记为 $SR=\{sr_1, sr_2, \cdots, sr_n\}$，硬区域中的存储单元记为 $HR=\{hr_1, hr_2, \cdots, hr_n\}$，缓存块则存储在其中。有一系列的缓存访问流 W_a、W_b 和 R_c 等。假设缓存块 a 被载入硬区域，那么这个缓存块 a 的总共访问功耗 E_a^{HR} 可以通过式(7.1)计算得出。本节使用的读写操作符号和定义都在表 7.1 中。

$$E_a^{HR}=N_r\times E_r^{HR}+N_w\times E_w^{HR}+E_w^{HR} \tag{7.1}$$

表 7.1　目标问题的符号定义

符号	符号对应的相关描述
N_r	缓存块被替换出去时读操作的次数
N_w	缓存块被替换出去时写操作的次数
E_r^{HR}	MLC 中硬区域的读功耗
E_w^{HR}	MLC 中硬区域的写功耗
E_r^{SR}	MLC 中软区域的读功耗
E_w^{SR}	MLC 中软区域的写功耗

也就是说，自从缓存块 a 载入硬区域后，直到它被替换出去，它被

读取了 N_r 次，被写了 N_w 次。同样的，如果缓存块 a 被载入到软区域后，那么这个缓存块 a 的总共访问功耗 E_a^{SR} 可以通过式(7.2)计算得出，即

$$E_a^{SR} = N_r \times E_r^{SR} + N_w \times E_w^{SR} + E_w^{SR} \tag{7.2}$$

很明显，如何分配缓存块 a 的是由 E_a^{HR} 和 E_a^{SR} 的功耗决定的，也就是功耗最小的那个区域。基于这个概念，如果 $B=\{b_1, b_2, \cdots, b_N\}$ 表示一组缓存块，这组缓存块在 MLC 缓存的访问流中。为了最小化缓存的整体功耗，缓存块数据分配问题可以用如下目标函数表示，即

$$\sum_{i=1}^{N} \min\{E_{b_i}^{HR}, E_{b_i}^{SR}\} \tag{7.3}$$

其中，$E_{b_i}^{HR}$ 和 $E_{b_i}^{SR}$ 表示缓存块 b_i 被分配到硬区域或软区域后所产生的功耗。

为此，本章提出采用贪心算法解决上述问题，贪心算法的具体流程如下。

① 不断的选择使缓存块 b_i 访问功耗最小的区域，$i \in \{1, 2, \cdots, N\}$；

② 将缓存块 b_i 分配到所选择的区域，然后执行缓存替换策略。

2. 贪心算法的最优性证明

声明 1：贪心算法是解决缓存块数据分配问题的最优解。

证明：我们将采用 exchange argument 方法进行证明。

步骤 1：$S=\{s_1, s_2, \cdots, s_N\}$ 为本章贪心算法的最优解，由于每次优先选择功耗最小的区域分配缓存块，故 s_i 为每次选择的最低功耗。假设 $O=\{o_1, o_2, \cdots, o_N\}$ 是解决缓存块数据分配的任意最优解。

步骤 2：假设任意最优解 O 和本章的贪心算法最优解不同(否则不需要继续证明)，那么 S 中肯定存在一个元素，使得 $s_i \neq o_i$。很明显，$s_i \leqslant o_i$(由步骤 1 中的描述可以看出)。

步骤 3：交换 s_i 和 o_i，然后根据 O 构造一个新的解 O^*，即 $O^* = \{o_1,$

$o_2, \cdots, o_{i-1}, s_i, o_{i+1}, \cdots, o_N\}$。因为 $s_i \leqslant o_i$，所以 O^* 的总功耗将比 O 的总功耗要小，这说明 O^* 也是缓存块数据分配的最优解。

步骤4：继续交换 S 和 O 中不相同的值，重复步骤2和步骤3。在经过多项式时间的交换后，解 O^* 将变得和 S 一样，因此 S 的总功耗小于 O，也就是说本章贪心算法的解一定是最优解。

在以下的章节中，我们将通过周期性地学习缓存的访问行为来实现这个贪心算法，这样能尽可能地降低缓存功耗。

7.3.2　缓存访问行为的离线分析

因为访问 MLC STT-RAM 的不同区域将消耗不同的功耗，在理想情况下，应该确保频繁的读写能耗较小的区域。然而，通常不能保证这一访问特点。因此，很有必要探索缓存块数据的重新分配的可能性。例如，将写频繁的缓存块数据分配给软区域将能明显地减少缓存的功耗。

为了初步探索缓存的访问行为，我们通过离线分析缓存访问的 trace，提出一种高能效的缓存块分类算法，如图7.4所示。这是对于给定应用程序的缓存块全局分类器。首先，通过离线分析缓存块替换出去时的读写访问操作次数(第1行)。这一过程用于为功耗分析模型准备数据。然后，为了减小问题的规模，我们专注于读频繁和写频繁的缓存块，因此分别选择读操作和写操作次数最多的百分之 α 个缓存块(第2行)。当获取这些缓存块后，根据式(7.1)和式(7.2)中的功耗模型计算该缓存块的功耗，这样能很清晰的知道该缓存块适合分配给软区域或硬区域(第3行)。最后，缓存块的特征被识别出来，将适合分配给软区域缓存块的标志位设置为 flag＝0，适合分配给硬区域缓存块的标志位设置为 flag＝1(第4～8行)。

```
输入：  应用程序 P；
        缓存块的选择规模 α；
        式(7.1)和式(7.2)中的功耗模型 E；
输出：  偏向于分配到软区域的缓存块 SRB；
        偏向于分配到硬区域的缓存块 HRB；
 1：    通过离线分析 P，每当缓存块替换出去时统计它的读写操作次数；
 2：    分别选择读操作和写操作次数最多的百分之 α 个缓存块；
 3：    通过功耗模型 E 获取这些已选择的缓存块功耗；
 4：    IF 该缓存块分配给软区域时访问功耗小 THEN
 5：        设置该缓存块为 SRB，即标志位 flag=0；
 6：    ELSE
 7：        设置该缓存块为 HRB，即标志位 flag=1；
 8：    END IF
```

图 7.4　高能效的缓存块分类算法

本节提出的缓存块分类算法有两个显著的好处。

① 缓存块的分类是离线分析的，因此系统的开销大部分的减小了，如访问延迟、访问功耗、存储开销和硬件开销等。

② 读频繁和写频繁的缓存块是分类器全局识别的，因此绝大多数缓存块将以高能效的方式被重新分配。

7.3.3 PL-ABP

仅通过离线分析不足以完全获得缓存的访问行为，因为应用程序的执行具有多样性，在某些情形下，缓存访问的局部性将会丢失。为此，需要纠正和更新缓存块的分类信息。本节将介绍周期性学习的自适应缓存块数据分配方法。

1. PL-ABP 架构

对于高能效的缓存访问，每个缓存块都应该根据其自身访问特点分配到缓存中。我们发现，7.3.1 节中的贪心算法能保证局部最优的决策。PL-ABP 考虑这个特征并结合周期性学习方法提升缓存块数据分配的准确性。图 7.5 展示了 PL-ABP 的整体流程图。

① 周期性学习(periodic learning)步骤监视缓存访问行为。它根据缓存的局部访问行为纠正和更新预测表(predictor table)。

② 预测表存储着高能效的缓存块分类信息。它是根据离线分析所获取的缓存块分类信息进行初始化的。然后通过标志位和程序计数器(program counter,PC)进行预测缓存块的分配。已有研究者采用了基于 PC 的预测技术[26]。对于缓存块的下一次访问将被识别出来,如果缓存块的 flag 标志为 0,那么该缓存块适合分配给软区域,否者它适合分配给硬区域。

③ 考虑预测表中优化后的能耗标志位,缓存控制器决定缓存块在软区域和硬区域之间的数据分配。

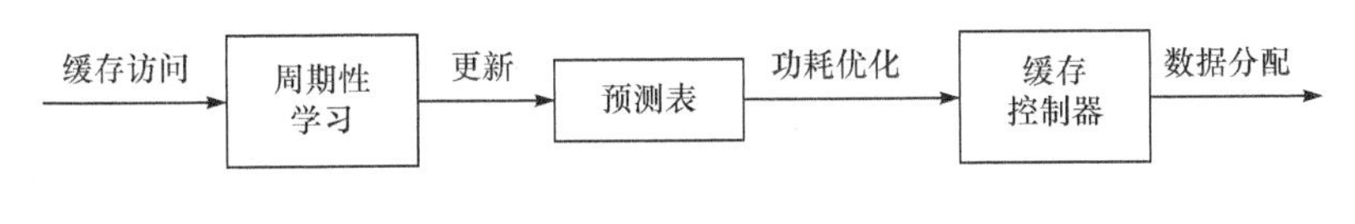

图 7.5　PL-ABP 的整体流程图

2. PL-ABP 算法

根据上述讨论,所提出的贪心算法能重新分配缓存块以使总功耗最小化。为进一步减少功耗,PL-ABP 算法借助贪心策略来决定缓存块数据的分配,如图 7.6 所示。贪心算法的思想已体现在 PL-ABP 中。对于每一次缓存访问,缓存块数据分配决策总是选择高能效的区域。

如图 7.6 所示,PL-ABP 算法有三个主要步骤。

① 当一个缓存块替换出去时,我们将收集预测错误的信息到错误表中。错误表和预测表有相似的结构,都包含 PC 和 flag。随后,统计预测错误的数量,并记为 λ(第 1,2 行)。

② 当 λ 达到预测错误的阈值 τ 后,周期性学习步骤被触发。在学习周期 ψ 内,PL-ABP 将学习缓存的访问行为并记录预测错误的信息,

与此同时，这些反馈信息将不断纠正和更新预测表。然后，根据预测标志位，接下来待被分配的缓存块将以低功耗的方式放置到缓存的区域中。当学习周期结束后，λ 将被重置为 0，并且错误表将被清空(第 3～15 行)。

③ 如果 λ 未达到 τ，将根据预测表决定缓存块数据的分配，在这一阶段，预测表将不会更新(第 16～24 行)。

```
输入:  预测错误的阈值 τ;
       学习周期 ψ;
输出:  高能效缓存块数据分配决策;
 1:    当一个缓存块被替换出去时，将预测错误的缓存块收集到错误表中;
 2:    计算预测错误的数量，并记为 λ;
 3:    IF λ 达到 τ THEN;
 4:        FOR 每次访问在学习周期 ψ 内 DO
 5:            学习缓存的访问行为并记录预测错误的信息;
 6:            根据错误反馈信息纠正并更新预测表;
 7:            IF 缓存块被预测在软区域功耗低 THEN
 8:                将该缓存块数据分配到软区域;
 9:            ELSE IF 缓存块被预测在硬区域功耗低 THEN
10:                将该缓存块数据分配到硬区域;
11:            ELSE
12:                执行正常访问操作;
13:            END IF
14:        END FOR
15:        将 λ 重置为 0 并清空错误表;
16:    ELSE
17:        IF 缓存块被预测在软区域功耗低 THEN
18:            将该缓存块数据分配到软区域;
19:        ELSE IF 缓存块被预测在硬区域功耗低 THEN
20:            将该缓存块数据分配到硬区域;
21:        ELSE
22:            执行正常访问操作;
23:        END IF
24:    END IF
```

图 7.6　PL-ABP 算法

7.4　实验评估

本节将评价所提出方法的效果。首先介绍实验环境的设置，然后总结和分析所提出方法的实验结果。

7.4.1　实验设置

本章所提出的方法是在 gem5 模拟器[27]中实现的。表 7.2 显示了实验参数的基准配置，为未优化的情形。通过修改 gem5 的传统内存模型来实现 MLC STT-RAM 缓存。对应的缓存访问延迟和访问功耗信息来自文献[18]，如表 7.3 所示。实验中预测表等部件的访问延迟和功耗是通过修改过的 CACTI[28]和 NVSim[29]模型获取的。对于测试程序集，我们选取 PARSEC[30]，并使用 simlarge 作为输入集。所有的测试程序都快速执行到感兴趣的区域，然后运行 20 亿条指令。对于每个测试程序，我们收集缓存的 trace 并以此来初始化预测表，然后使用模拟器重现该过程。

表 7.2　基准配置

参数	配置
处理器	2，主频为 2GHz
一级缓存	私有缓存，指令数据缓存大小为 32KB，4 组相连，LRU，读写为 2 个周期，缓存块大小为 64B
二级缓存	共享缓存，缓存大小为 8MB，16 路组相连，LRU，缓存块大小为 64B MLC STT-RAM
主存	大小 4GB，频率为 1600MHz，访问带宽为 12.8GB/s，读写为 200 个周期

表 7.3 二级缓存的不同配置

项目	SLC	MLC(CSM)
单元大小/F^2	14	
容量/MB	5	8
读延迟/Cycles	3	SR:5,HR:3
写延迟/Cycles	19	SR:19,HR:42
读功耗/nJ	0.32	SR:0.38,HR:0.34
写功耗/nJ	1.29	SR:1.28,HR:1.93
漏电功耗/W	0.156	0.152

作为对比,我们选取现有的方法缓存块配对(line pairing,LP)和交换方法(line swapping,LS),记为 LPLS[18]。在这个策略中,LP 将 2 个物理单元组织为读慢写块的软位和读快写慢的硬位。LS 则动态的交换写频繁的缓存块到软位和交换读频繁的缓存块到硬位中。本章也采用 LP 这种架构方式。

7.4.2 实验结果

1. 预测准确性评估

由于缓存块数据的分配是根据缓存的历史访问数据决定的,缓存的功耗和性能的变化将依赖于每次访问的预测精度。预测精度是运行时数据分配决策和静态分析的最优决策之间的相对匹配比率。从图 7.7 可以看出,PL-ABP 方法能获得较高的精度,平均为 86.4%。不同测试程序的预测准确性不同。例如,对于 fluidanimate 测试程序,与基准配置相比,其预测精度能高达 95.2%。这表明,绝大多数缓存块都能分配到合适的区域以减少功耗。通过分析缓存组中的缓存访问行为,发现当程序程序有良好局部性时,预测精度相对较高。

2. 动态功耗评估

图 7.8 显示了 PL-ABP 方法,LPLS 方法和基准配置的动态功耗对

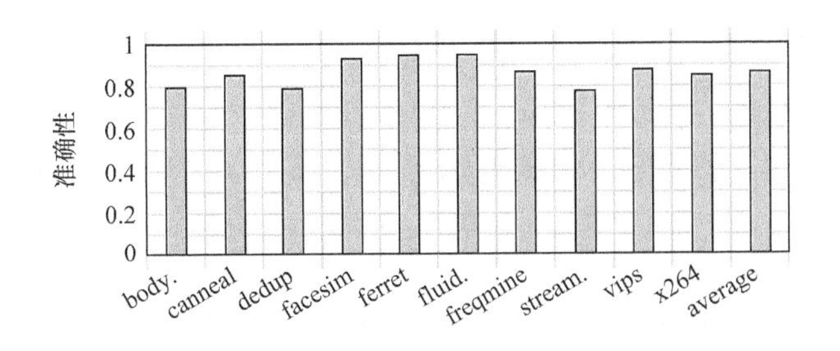

图 7.7　PL-ABP 的预测准确性

比情况。正如所期待的一样，对于所有 PARSEC 测试程序，PL-ABP 方法优于基准配置。对于预测精度高的测试程序，PL-ABP 方法更有潜力将缓存块一低功耗的方式分配到合适的位置。例如，与基准配置相比，facesim 测试程序能减少功耗高达 32.8%，而 streamcluster 测试程序只能减少 7.9%的功耗。

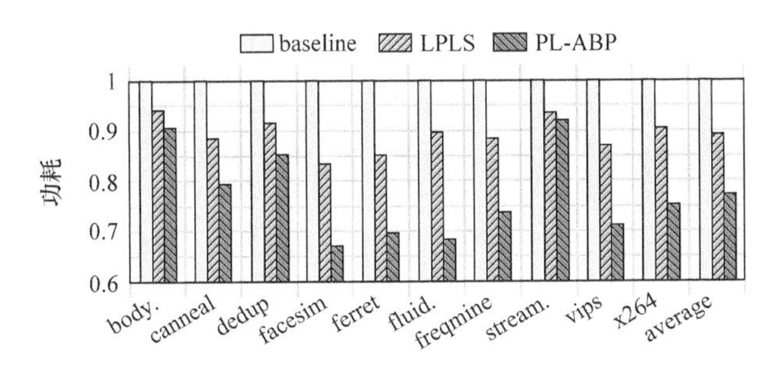

图 7.8　归一化后的功耗对比

总之，与基准配置和 LPLS 方法相比，PL-ABP 方法能平均减少 22.7%和 11.8%的功耗。这是因为所提出的方法能提前将大多数缓存块分配到它本该属于的地方。然而，LPLS 方法却仅使用静态计数器控制写频繁和读频繁的缓存块在软区域和硬区域之间交换数据。这将引起额外的读写操作开销。更重要的是，当计数器未达到阈值时，缓存块未交换出去，此时它已经被访问过，这也产生了访问功耗。为此，大体上看，PL-ABP 方法比 LPLS 方法要高效。

3. 运行时间评估

如图 7.9 所示，测试程序的运行时间归一化到了基准配置。对于所有测试程序，PL-ABP 方法均优于基准配置和 LPLS 方法。具体来说，性能的提升情况和功耗减少的情况比较类似，但提升的程度要小。这是因为 PL-ABP 方法的运行会花费少量的时间。总的来说，与基准配置和 LPLS 方法对比，系统总的运行时间将平均减少 16.2%和 8.8%。对于 ferret 测试程序，与基准配置相比，性能提升高达 19.9%。vips 测试程序的性能提升高达 18.7%。因为大多数写频繁的缓存块被分配到软区域，所以这些缓存块的写延迟减少了。同样可以看出，性能的提升和预测精度也是相关的。PL-ABP 方法能充分利用软区域和硬区域。

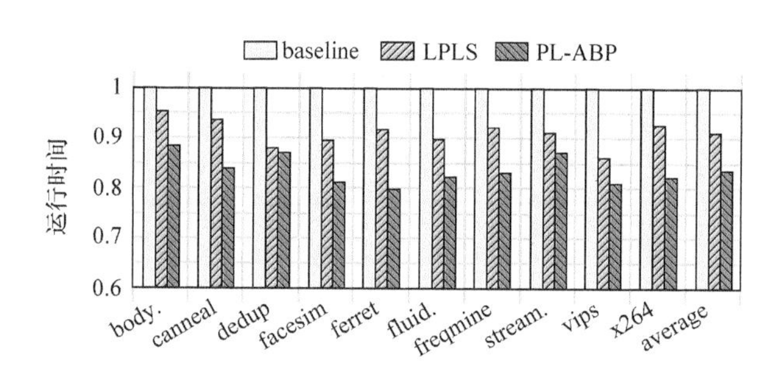

图 7.9　归一化后的运行时间对比

总之，性能提升的主要贡献来自硬区域中写操作次数的减少，因为硬区域的写延迟是软区域的写延迟两倍之多。这一提升过程是能耗导向的贪心算法使数据分配技术更为合理。

7.4.3　讨论与分析

1. α 的选择

本节讨论参数 α 的选取情况。它是用于控制频繁访问缓存块的选择规模的。如图 7.10 所示，将采用平均感知率这个标准来选取 α。感知率表示通过预测表感知到的缓存块和总共缓存块之间的比率。随着 α 逐渐增大，感知率也在平滑的增长。这是因为随着选择规模逐渐增大，缓存块的更多信息将记录在预测表中，这样我们将获取更多被感知的缓存块。然而，随着 α 逐渐变大，存储开销和性能开销都会增大，因为更大的预测表需要更多的空间，进而检索预测表的开销也增大了。为此，当 α 设置为 20%时能取得一个可以接收的效果。

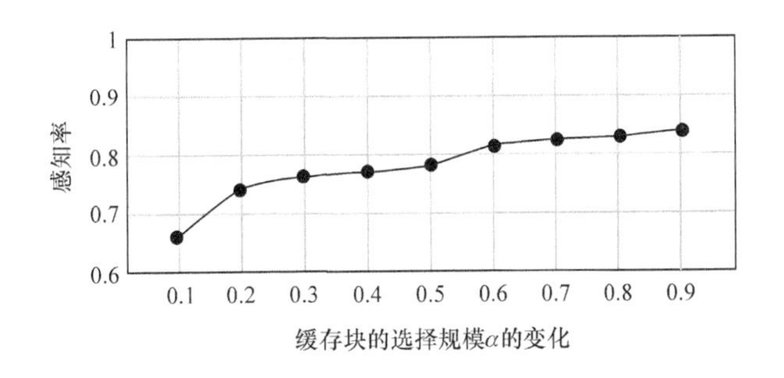

图 7.10　选择规模 α 对感知率的影响

2. τ 和 ψ 的选择

τ 和 ψ 的选择会影响 PL-ABP 方法的效果。我们测试了多组参数的选取情况，然后选择了六组代表性的参数（$G1$、$G2$ 等），如表 7.4 所示。对应的实验结果如图 7.11 所示。从平均的效果看，$G3$ 是最合适的参数组合，因为系统执行时间最短。也就是说，τ 设置为 10，ψ 设置为 5M(million)个周期。当 τ 和 ψ 过小或过大时，PL-ABP 将错过机会捕获预测错误的缓存块，因此执行时间相对较长。

表 7.4　六组参数配置

参数	$G1$	$G2$	$G3$	$G4$	$G5$	$G6$
τ	5	5	10	10	15	15
ψ/cycles	3M	5M	5M	7M	7M	10M

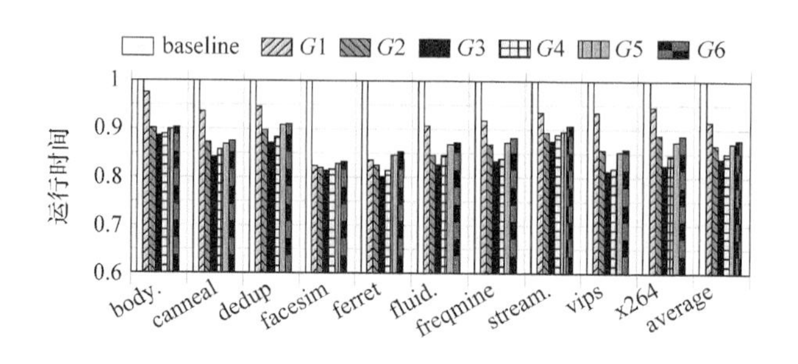

图 7.11　不同参数配置下归一化执行时间对比

3. 开销分析

本章所提出方法的存储开销包括预测表、错误表和计数器。预测表有 1 个预测位(flag)和 13 位的 PC,PC 用于索引,共有 8192 个入口。错误表有 1 个预测位和 13 位的 PC,共有 4096 个入口。阈值计数器的开销是可以忽略不计的。因此,最后一级缓存总共的存储开销为 21KB(14KB+7KB)。相对较大容量的缓存来说,开销是可以接受的。更进一步讲,本章所提出的算法不在缓存访问的关键路径上,因此算法带来的收益能抵消它的开销。

7.5　本章小结

本章研究了周期性学习的自适应缓存块数据分配方法,用于减少 MLC STT-RAM 缓存的功耗。我们首先定义缓存块数据分配问题并给出了贪心算法的解决思路。然后,通过离线分析缓存块的访问行为,然后通过周期性地学习记录和更新预测表。最后,缓存块数据将以低功耗的方式分配到缓存中。与现有的方法对比,实验评估结果表明,缓存的能效和性能都得到较大幅度地提升,并且开销也在可以接受的范围内。

参考文献

[1] Gammie G, Wang A, Mair H, et al. SmartReflex power and performance management technologies for 90nm, 65nm, and 45nm mobile application processors[J]. Proceedings of the IEEE, 2010, 98(2): 144-159.

[2] Borkar S. Design challenges of technology scaling[J]. IEEE Micro, 1999, 19(4): 23-29.

[3] 冒伟, 刘景宁, 童薇, 等. 基于相变存储器的存储技术研究综述[J]. 计算机学报, 2015, 38(5): 944-960.

[4] Apalkov D, Khvalkovskiy A, Watts S, et al. Spin-transfer torque magnetic random access memory(STT-MRAM)[J]. ACM Journal on Emerging Technologies in Computing Systems (JETC), 2013, 9(2): 13.

[5] Chen Y T, Cong J, Huang H, et al. Dynamically reconfigurable hybrid cache: an energy-efficient last-level cache design[C]//Proceedings of the Conference on Design, Automation and Test in Europe. New York: EDA Consortium, 2012: 45-50.

[6] Xu W, Sun H, Wang X, et al. Design of last-level on-chip cache using spin-torque transfer RAM(STT RAM)[J]. IEEE Transactions on Very Large Scale Integration(VLSI) Systems, 2011, 19(3): 483-493.

[7] Smullen C W, Mohan V, Nigam A, et al. Relaxing non-volatility for fast and energy-efficient STT-RAM caches[C]//Proceedings of 2011 IEEE 17th International Symposium on High Performance Computer Architecture(HPCA). Piscataway NJ: IEEE, 2011: 50-61.

[8] Jog A, Mishra A K, Xu C, et al. Cache revive: architecting volatile STT-RAM caches for enhanced performance in CMPs[C]//Proceedings of the 49th Annual Design Automation Conference. New York: ACM, 2012: 243-252.

[9] Luo H, Hu J, Shi L, et al. Two-step state transition minimization for lifetime and performance improvement on MLC STT-RAM[C]//Proceedings of 2016 53nd ACM/EDAC/IEEE Design Automation Conference(DAC). Piscataway NJ: IEEE, 2016: 1-6.

[10] Wen W, Zhang Y, Mao M, et al. State-restrict MLC STT-RAM designs for high-reliable high-performance memory system[C]//Proceedings of the 51st Annual Design Automation Conference. New York: ACM, 2014: 1-6.

[11] Zhang Y, Zhang L, Wen W, et al. Multi-level cell STT-RAM: Is it realistic or just a dream? [C]//Proceedings of 2012 IEEE/ACM International Conference on Computer-Aided De-

sign(ICCAD). Piscataway NJ:IEEE,2012:526-532.

[12] Bi X,Mao M,Wang D,et al. Unleashing the potential of MLC STT-RAM caches[C]//Proceedings of 2013 IEEE/ACM International Conference on Computer-Aided Design(ICCAD). Piscataway NJ:IEEE,2013:429-436.

[13] Hong S,Lee J,Kim S. Ternary cache:Three-valued MLC STT-RAM caches[C]//Proceedings of 2014 32nd IEEE International Conference on Computer Design(ICCD). Piscataway NJ:IEEE,2014:83-89.

[14] Chen X, Khoshavi N, Zhou J, et al. AOS: adaptive overwrite scheme for energy-efficient MLC STT-RAM cache[C]//Proceedings of the 53rd Annual Design Automation Conference. New York:ACM,2016:170.

[15] Chen Y,Wong W F,Li H,et al. On-chip caches built on multilevel spin-transfer torque RAM cells and its optimizations[J]. ACM Journal on Emerging Technologies in Computing Systems(JETC),2013,9(2):16.

[16] Chen Y,Wang X,Zhu W,et al. Access scheme of multi-level cell spin-transfer torque random access memory and its optimization[C]//Proceedings of 2010 53rd IEEE International Midwest Symposium on Circuits and Systems(MWSCAS). Piscataway NJ: IEEE, 2010: 1109-1112.

[17] Wang J,Roy P,Wong W F,et al. Optimizing mlc-based stt-ram caches by dynamic block size reconfiguration[C]//Proceedings of 2014 32nd IEEE International Conference on Computer Design(ICCD). Piscataway NJ:IEEE,2014:133-138.

[18] Jiang L,Zhao B,Zhang Y,et al. Constructing large and fast multi-level cell STT-MRAM based cache for embedded processors[C]//Proceedings of the 49th Annual Design Automation Conference. New York:ACM,2012:907-912.

[19] Sampaio F, Shafique M, Zatt B, et al. Approximation-aware multi-level cells STT-RAM cache architecture[C]//Proceedings of the 2015 International Conference on Compilers, Architecture and Synthesis for Embedded Systems. Piscataway NJ:IEEE,2015:79-88.

[20] Chen Y,Wong W F,Li H,et al. Processor caches with multi-level spin-transfer torque ram cells[C]//Proceedings of the 17th IEEE/ACM International Symposium on Low-power Electronics and Design. Piscataway NJ:IEEE,2011:73-78.

[21] Chi P,Xu C,Zhang T,et al. Using multi-level cell stt-ram for fast and energy-efficient local checkpointing[C]//Proceedings of 2014 IEEE/ACM International Conference on Comput-

er-Aided Design(ICCAD). Piscataway NJ:IEEE,2014:301-308.

[22] Zhang Y,Zhang L,Chen Y. MLC STT-RAM design considering probabilistic and asymmetric MTJ switching[C]//Proceedings of 2013 IEEE International Symposium on Circuits and Systems(ISCAS). Piscataway NJ:IEEE,2013:113-116.

[23] Wen W,Mao M,Li H,et al. A holistic tri-region mlc stt-ram design with combined performance,energy,and reliability optimizations[C]//Proceedings of 2016 IEEE Design,Automation & Test in Europe Conference & Exhibition(DATE). Piscataway NJ:IEEE,2016:1285-1290.

[24] Sampaio F, Shafique M, Zatt B, et al. Approximation-aware multi-level cells STT-RAM cache architecture[C]//Proceedings of the 2015 International Conference on Compilers, Architecture and Synthesis for Embedded Systems. Piscataway NJ:IEEE,2015:79-88.

[25] Chi P,Xu C,Zhu X,et al. Building energy-efficient multi-level cell STT-MRAM based cache through dynamic data-resistance encoding[C]//Proceedings of 2014 15th International Symposium on Quality Electronic Design(ISQED). Piscataway NJ:IEEE,2014:639-644.

[26] Khan S M,Tian Y,Jimenez D A. Sampling dead block prediction for last-level caches[C]//Proceedings of the 2010 43rd Annual IEEE/ACM International Symposium on Microarchitecture. Piscataway NJ:IEEE,2010:175-186.

[27] Binkert N,Beckmann B,Black G,et al. The gem5 simulator[J]. ACM SIGARCH Computer Architecture News,2011,39(2):1-7.

[28] Muralimanohar N,Balasubramonian R,Jouppi N. Optimizing NUCA organizations and wiring alternatives for large caches with CACTI 6.0[C]//Proceedings of the 40th Annual IEEE/ACM International Symposium on Microarchitecture. Piscataway NJ: IEEE, 2007: 3-14.

[29] Dong X, Xu C, Jouppi N, et al. NVSim: A Circuit-Level Performance, Energy, and Area Model for Emerging Non-volatile Memory[M]//New York:Springer,2014:15-50.

[30] Bienia C, Kumar S, Singh J P, et al. The PARSEC benchmark suite: characterization and architectural implications[C]//Proceedings of the 17th International Conference on Parallel Architectures and Compilation Techniques. New York:ACM,2008:72-81.

第8章　基于编译技术的PCM功耗优化

由于日益普及的计算需求，微控制器单元已经广泛地应用在日常使用的电子设备上，如温度传感器和MP3播放器等。MCUs能在成本、性能和功耗之间获得较好的平衡。MCUs的内部通常都集成有非常有限尺寸的RAM(512B～512KB)，而外部连着闪存[1,2]，这将导致闪存的写压力过大。闪存中过多的写操作将会消耗较高的功耗，并且闪存的写寿命是有限的。MCUs通常性能较弱且寿命较短，例如，2-bit的多级闪存仅有10^3次擦写周期[3]。

近年来，非易失性存储技术，包括闪存[4～6]、相变存储器[7～9]和自旋转移力矩存储器[10,11]等，由于具有低功耗和高存储密度的特性而被广泛的研究和使用。美光公司已经提出并设计了一个PCM芯片，瞄准嵌入式系统市场[12]。一些研究者提出采用新型相变存储器作为全局存储器，为MCUs实现了一个基于PCM的存储系统，用于替换MCUs内部RAM和外部闪存[13]。PCM比传统的DRAM拥有更好的伸缩性。并且DRAM的工艺制程至今很难达到22nm[14]，而PCM在20nm时存储单元的大小仅为$4F^2$[15]。MLC PCM设计可以减少每个存储位的代价[16,17]。如果采用MLC PCM，MCUs将以更小的芯片面积获得更低的制造成本，这是嵌入式系统产业里面的关键因素。与DRAM相比，PCM拥有较好的读延迟和较低的漏电功耗[18～20]。与闪存相比，PCM拥有较快的读写速度及更长的访问寿命[21]。

然而,PCM 也拥有自身的缺点,如写操作延迟长[22]和写功耗大等[23,24]。在功耗预算有限的情形下,PCM 的写操作问题将严重影响系统的功耗和性能[25]。文献[13]设计了一种可持续续航的无线传感器,通过吸收太阳能来增强 PCM 的写功耗供给,以及延长电池的生命周期。在高性能计算领域,文献[23]提出一种细粒度的 PCM 写功耗管理方法来提升主存写吞吐量。

MLC PCM 被广泛地应用在高性能计算的主存系统中[26]。为了克服 MLC PCM 写延迟长的问题,一些研究者提出许多优化技术来减少写操作慢的负面影响,或者直接减少写延迟长的问题。Qureshi 等提出写撤销(write cancellation)的方法来隐藏慢写操作在关键路径上引入的读延迟[22]。Jiang 等提出写截断(write truncation)的方法来减少 MCL PCM 存储单元上重复的写迭代操作[16]。然而,这些优化方法都需要非常大的硬件开销。例如,写撤销方法需要一个非常大容量的写队列,而写截断方法则需要额外的纠错码(error correction code,ECC)存储开销。这些硬件开销对于嵌入式 MCUs 都是非常昂贵的。设备级研究表明,MLC PCM 的非易失性设计可以获取较好的性能和较低的写功耗[27,28]。对于 MLC PCM,一个小电阻范围,简称保护带(guard-band),是在两个电阻状态之间,防止低电阻状态转换为高电阻状态[27,29]。MLC PCM 有两种写模式。如果保护带大而不同电阻状态的电阻范围很小,两个电阻状态必须花费很长的时间才能混合在一起。如果 MLC PCM 存储单元的写操作遵循这样的方式,那么就认为它具有非易失性(non-volatile)。另一方面,如果保护带小而不同电阻状态的电阻范围很大,写入数据到存储单元所需的时间就非常短,那么就认为存储单元具有易失去性(因为两种电阻状态在很短的时间内混合在一起)。在本章中,将有两种写模式:慢写模式(slow write mode)和快写模式(fast write mode)。为了确保数据可靠,快写模式需要周期性刷新存储单元,这不但会引入硬件开销,而且会消耗额外的功耗和周期。

相反，慢写模式将带来写功耗高和写延迟长的问题。

为了减少系统的写功耗并提升系统性能，本章提出编译指导的双重写方法。CDDW 方法主要用于控制 MCUs 中 MLC PCM 存储单元的写操作。通过静态分析存储器写操作指令，基于这些信息选择最合适的写模式并指导数据的写入操作，CDDW 能在低写功耗和高性能之间获得较好的平衡。实验评估结果表明，本章的方法能在减少写功耗的同时提升系统的性能，并且 MLC PCM 存储单元的寿命也得到了大幅度地提升。

本章的组织结构如下：8.1 节介绍易失性 PCM 的模型；8.2 节是本章的研究动机；8.3 节介绍编译指导的双重写方法的实现细节，包括构造控制流图、存储器地址分析、定义可达性分析、最坏情形生命期分析和代码注入等；8.4 节介绍实验的评估方法；8.5 节介绍性能、功耗、耐久性和开销等几方面的详细实验结果和讨论分析；8.6 节总结本章的主要研究内容。

8.1　易失性 PCM 的模型

本节首先介绍 MLC PCM 的背景及其写操作，然后介绍 MLC PCM 的写延迟和数据保留时间之间的权衡，最后介绍易失性 PCM 的模型。

8.1.1　MLC PCM 及其写操作

PCM 是利用硫族化合物材料（名叫 GST，$Ge_2Sb_2Te_5$）的相变行为记录数据的。通过电脉冲进行焦耳加热（joule heater）（图 8.1(a)），GST 可以在高电阻状态（也叫非结晶状态，amorphous state）和低电阻状态（也叫结晶状态，crystalline state）之间相互转化。MLC PCM 则是探索这两种状态之间的阻态水平，以在一个存储单元中存储更多的数据位。

由于工艺制程的波动[30]和材料成分的波动特性[16]，一个主存中的不同PCM存储单元将会有不同的编程脉冲；更有甚者，同一个存储单元在不同时刻的编程脉冲也不一样[31]。因此，PCM广泛的采用了迭代编程与验证(iteration-based programming and verifying，P&V)的写方法来精确控制存储单元的电阻状态(图8.1(b))。在初始状态时，总是要先在存储单元上执行一次RESET操作。然后，执行一系列的SET和验证操作，直到所需的组态级别即可。

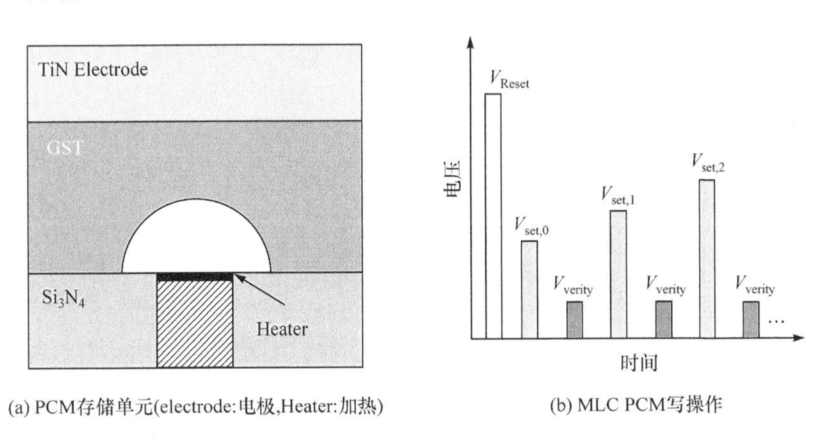

(a) PCM存储单元(electrode:电极,Heater:加热)　　(b) MLC PCM写操作

图8.1 PCM存储单元及其写操作

8.1.2 MLC PCM写延迟和数据保留时间的权衡

如图8.2所示，PCM使用组态波动表示一个存储单元中存储的数据。四种阻态表示四个数据值，从“00”到“10”(gray encoding，格雷编码)。一个小的未使用的保护带通常在两个连续的阻态之间，以防止阻态自动转化(resistance drift)[32]。在PCM中，由于非结晶相参数的释放，PCM的阻态也自然的增长[27]，这现象叫做阻态自动转化。转化速率是和非结晶相的容积率成正比的[27]。这一转化特性影响MLC PCM存储单元电子特性的稳定性，因此MLC存储的可靠性也降低了。

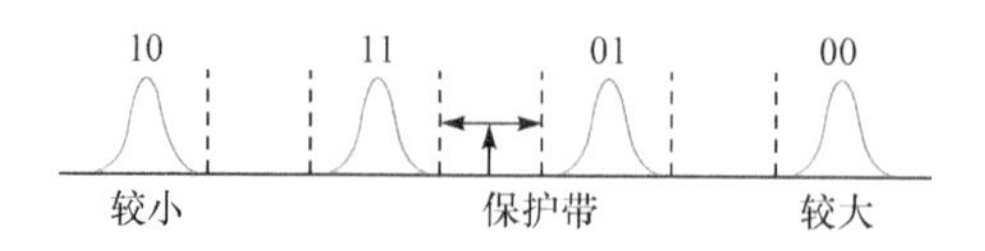

图 8.2　MLC PCM 的阻态分布

文献[27]指出，保护带位于“11”和“01”之间，被认为是最脆弱的部分。图 8.3 显示了“11”和“01”之间保护带。通过增加保护带的大小可以获得较长的数据保留时间，因为大的保护带可以延缓阻态的转化。如图 8.3 所示，大的保护带需要每个相邻阻态分布的更加紧凑。为了增加编程精度和获得紧凑的阻态分布，那么在每次写操作中都需要更多的写迭代和功耗；相反，较短的写延迟需要小的保护带，因此数据保留时间相对较短。

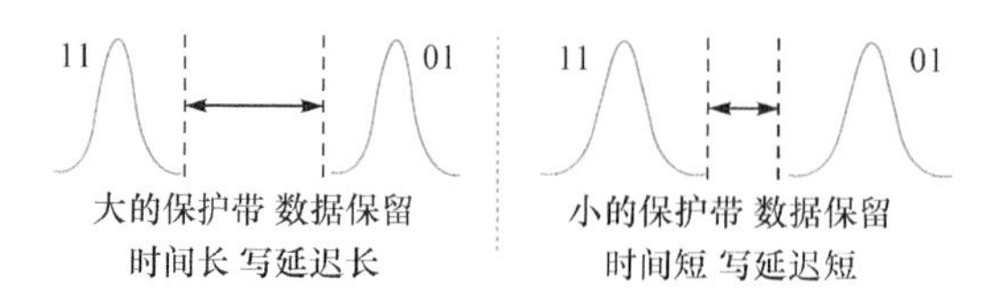

图 8.3　易失性 MLC PCM 的权衡

8.1.3　易失性 PCM 的模型

我们将通过如下方式获取 PCM 的易失性特征。从文献[33]中 PCM 的电流电阻模型、文献[21]中 PCM 工艺制程波动和文献[27]中的阻态转化模型可以得出易失性主存模型。当在一个存储单元应用 RESET 或 SET 电流时，PCM 的电流电阻模型计算 PCM 存储单元的电阻特性。由于 PCM 通常采用迭代式编程方法，本章中设置迭代的延迟为 1000ns。当在 PCM 存储单元加载不同的电流时，可以得到不同的电阻特性。我们根据 PCM 存储单元的关键参数（如加热器半径大小等）获得工艺制程变化的分布情况。然后，即使在相同电流下，不同存储单元的电阻特性也不相同，那么我们选择这些电阻中最坏情形的电阻(工艺制程波动分布中的 3σ)作为 PCM 的保护带。采用文献[27]中的 PCM 阻变转换模型,在 PCM 阻变状态之间可以获得不同保护带的不同保留时间。综上所述,表 8.1 总结易失性 PCM 的模型。这个模型支持多级保留时间和写延迟。基于这个模型,本章提出编译指导的双重写方法,来探索 MLC PCM 性能和数据保留时间之间的平衡。虽然 CDDW 方法仅探索 MLC PCM 数据保留时间和写延迟这两种模式,实际上 CDDW 可以扩展到更多的模式。

表 8.1　易失性 MLC PCM 模型

迭代	电流/μA	N. Energy	保留时间/s
10	310	1(基准)	11158.84
8	320	0.85	4823.178
7	330	0.75	2084.719
6	340	0.72	713.7916
5	360	0.674	83.67949
4	380	0.6	20.67646
3	410	0.524	1.87

8.2 研究动机

通过探索 MLC PCM 的写延迟和数据保留时间之间的关系可以提升 PCM 的性能。我们可以针对不同的存储器写指令(memory write instructions,MWIs)的生命期选择不同的写模式。一个 MWI 实例的生命期定义为这个 MWI 实例写入一个值到存储器时到这个值最后被读取时为止。每个 MWI 实例开始一个新的生命期。如果 MWI 实例的生命期比 PCM 存储单元数据保留时间短,那么对于这次写入操作存储单元不需要刷新操作,并且数据的正确性能得到保证。基于这个发现,对于生命期短的 MWI 实例可以采用快写模式,充分利用其写延迟短和写功耗低的特性提升系统的性能,并且存储单元不需要刷新。

我们设计一组实验来评价 MWIs 的生命期。实验环境的具体设置如下：我们采用一个没有缓存的 MCU，没有流水线和没有存储管理单元（memory management unit，MMU）。MCU 的时钟频率设置为 1MHz。每条指令需要 1 个时钟周期，每次读操作需要 1 个时钟周期，每次快写操作需要 3 个时钟周期和每次慢写操作需要 10 个时钟周期。快写操作的数据保留时间设置为 1870000 个时钟周期。易失性 PCM 模型的详细参数已经在 8.1.3 节讨论。

图 8.4 展示了 MWIs 生命期的分布情况。从平均上看，99.5%的存储器写操作的生命期都小于 2^{20} 个时钟周期。因此，理想情况下 99.5%的存储器写操作可以安全的以快写模式执行，且不需要刷新操作，因为快写的保留时间比 2^{20} 个时钟周期要长。从图 8.4 还可以看出，有少量的存储器写操作有非常长的生命期。如果应用快写模式，那么这些存储单元的数据需要采用刷新操作来维护数据的正确性。因此，对于这些写操作，慢写模式比快写模式将更好，因为快写模式下需要刷新开销。为了减少功耗和提升系统性能，通过分析每个 MWI 的生命

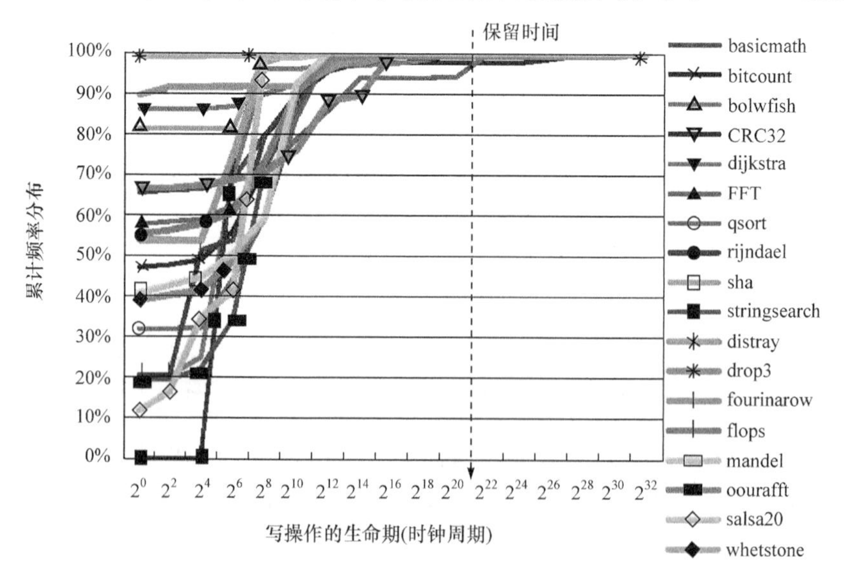

图 8.4　存储器写操作生命期分布情况

期，对于生命期短的 MWI 实例应该采用快写模式，而对于生命期长的 MWI 实例应该采用慢写模式。

然而，在运行时找到每个 MWI 实例的生命期是不实际的，因为这些信息对于应用程序结构和应用程序的输入集是非常敏感的。作为备选方法，通过静态分析技术可以获得每个 MWI 的最坏情形生命期。如果一个 MWI 的 WCLT 比快写的数据保留时间短，那么快写模式将能获得较好的性能。

图 8.5 展示了对于不同写操作选择不同写模式好处的示例。在这个例子中，我们假设快写需要一个周期，慢写需要 3 个周期。快写的数据保留时间是 10^2 个周期，慢写的数据保留时间是 10^5 个周期。程序 p 的最坏执行时间是 4000 个周期，除去写操作所消耗的时间。为了保证数据的正确性，在快写模式下，存储系统每隔 99 个周期刷新一次，每次刷新操作需要 60 个周期。图 8.5(a)展示了一个测试程序的示意图。假设有 950 次快写和 50 次慢写操作。在图 8.5(b)中，可以看到有三个方法，其中双重写(dual-write)方法所需的执行时间最短。这是因为在双重写方法中，生命期短的 MWIs 指令以快写的方式执行，而生命期长的 MWIs 指令则以慢写的方式执行，这样可以充分利用快写和慢写模式的好处。本章通过分析 MWI 的 WCLT，我们将采用编译指导的写模式选择方法为每个 MWI 选择最好的写模式。

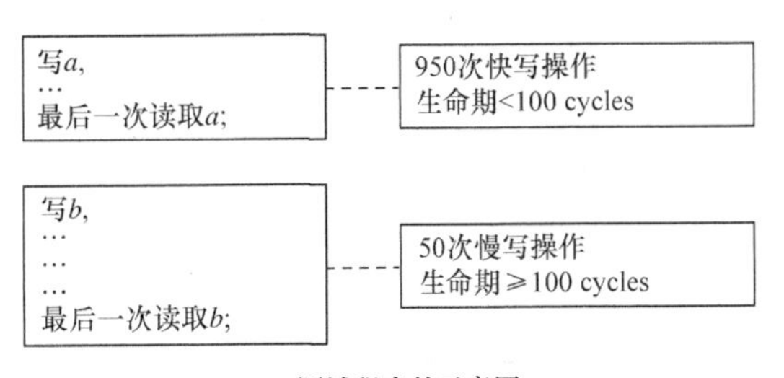

(a) 测试程序的示意图

方法	代价
fast	$time_{write}=(950+50)*1=1000$ $time_{ref}=(wcet+time_{write})*\frac{60}{99}\approx 3000$ $time_{total}=wcet+time_{write}+time_{ref}\approx 8000$
slow	$time_{write}=(950+50)*3=3000$ $time_{ref}=0$ $time_{total}=wcet+time_{write}+time_{ref}=7000$
dual	$time_{write}=950*1+50*3=1100$ $time_{ref}=0$ $time_{total}=wcet+time_{write}+time_{ref}=5100$

(b) 不同写模式下的代价

图 8.5　一个例子

图 8.6 展示了生命期短的连续写操作的数量。可以看出，生命期短的大多数写操作都是连续出现的，因此在双重写方法中，我们不需要频繁的切换写模式。

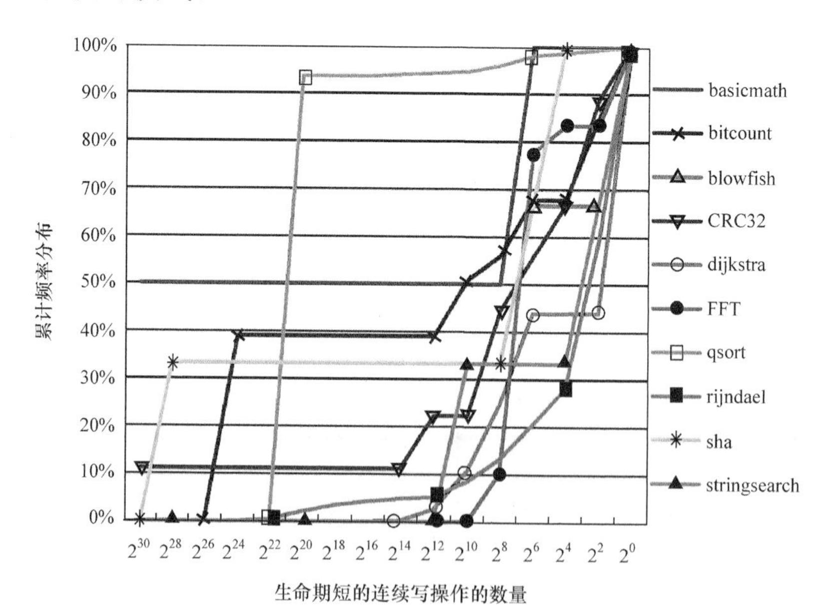

图 8.6　生命期短的连续写操作的数量

（生命期短的写操作是指一次写操作的生命期比快写的数据保留时间短）

8.3　编译指导的双重写方法

为了探索 MLC PCM 写延迟和数据保留时间之间的权衡关系，本节提出编译指导的双重写方法提高系统能效和性能。CDDW 方法是在二进制代码中工作的，包括最坏情形的生命期分析和代码注入两部分。第一部分在最坏情形下分析每个 MWI 的生命期。每个 MWI 可能包含多个实例并且每个实例都有不同的生命期。第二部分则是插入写模式选择指令(write-mode selection instructions，WSIs)到二进制文件，针对每个 MWI 选择最好的写模式。如图 8.7 所示，CDDW 算法包含 5 个步骤。

1:	构造控制流图(control flow graph，CFG)：二进制代码反汇编和重构 CFG；
2:	存储器地址分析(memory address analysis)：在反汇编代码中通过抽象解释器鉴别每条目标指令的存储地址；
3:	定义可达性分析(reaching definition analysis)：每个存储器写指令(memory write instruction，MWI)对应的一组存储器读指令(memory read instructions，MRIs)将被保守的识别出来。随后，建立一个 define-use 链将每个 MWI i_w 和所有的 MRIs 关联起来；
4:	WCLT 分析：基于一个修改过的最坏执行时间分析技术来分析每个 MWI 的 WCLT；
5:	代码注入(code injection)：WSIs 被注入每个 MWI，用于选择最好的写模式。

图 8.7　编译指导的双重写算法

8.3.1　构造控制流图

二进制代码首先执行反汇编操作。然后，通过追踪条件转移指令、无条件转移指令和返回指令，每个函数的 CFG 图可以从反汇编代码中进行重构。最后，在函数调用图谱中将 CFGs 图连接起来，那么整个程序的函数之间的控制流图(inter-procedural control flow graph，ICFG)也就构建出来了。接下来所有的分析和转换技术都是在 ICFG 上进行的。图 8.8 显示了一个 C 语言示例程序片段，对应的反汇编代码[①]和 CFG 图展示在图 8.9 的第一列。

```
int x,y,z;
int main()
{
    inta,b,c, * p;
    z=x * y;
    if(z>0)
        p=&a;
    else
        p=&b;
    * p=x+y+z;
    a++;
    b++;
    * q= * p;
    return * p;
}
```

图 8.8　语言示例程序

第一列是图 8.8 中示例程序的反汇编代码和 CFG 图，其中以加粗的方式显示的指令都是 MWIs。第二列显示了注释信息。第三列显示了 8.3.2 节中的存储器地址分析结果，其中展示了每个寄存器和存储器地址中可能的内容。例如，$ 29→(main,－24)表示寄存器 $ 29 的内容一个存储器地址，是在 main 函数中偏移－24 的局部区域。当内容是一个纯数字而不是存储器地址时，相应的结果将以灰色的方式展示。(0,T)表示一个不确定的值。第四列和第五列分别显示了每条指令写和读的存储器地址。除此之外，一个箭头从一条写指令的地址指向读取同样地址的另一条指令，这表示 define-use 链。

① 在图 8.9 中，反汇编代码使用 MIPS 指令集，其中寄存器 $ 28 是全局指针寄存器，寄存器 $ 29 是栈指针寄存器和寄存器 $ 31 是用来存储调用函数返回的地址。寄存器 $ 0 的值总是 0。

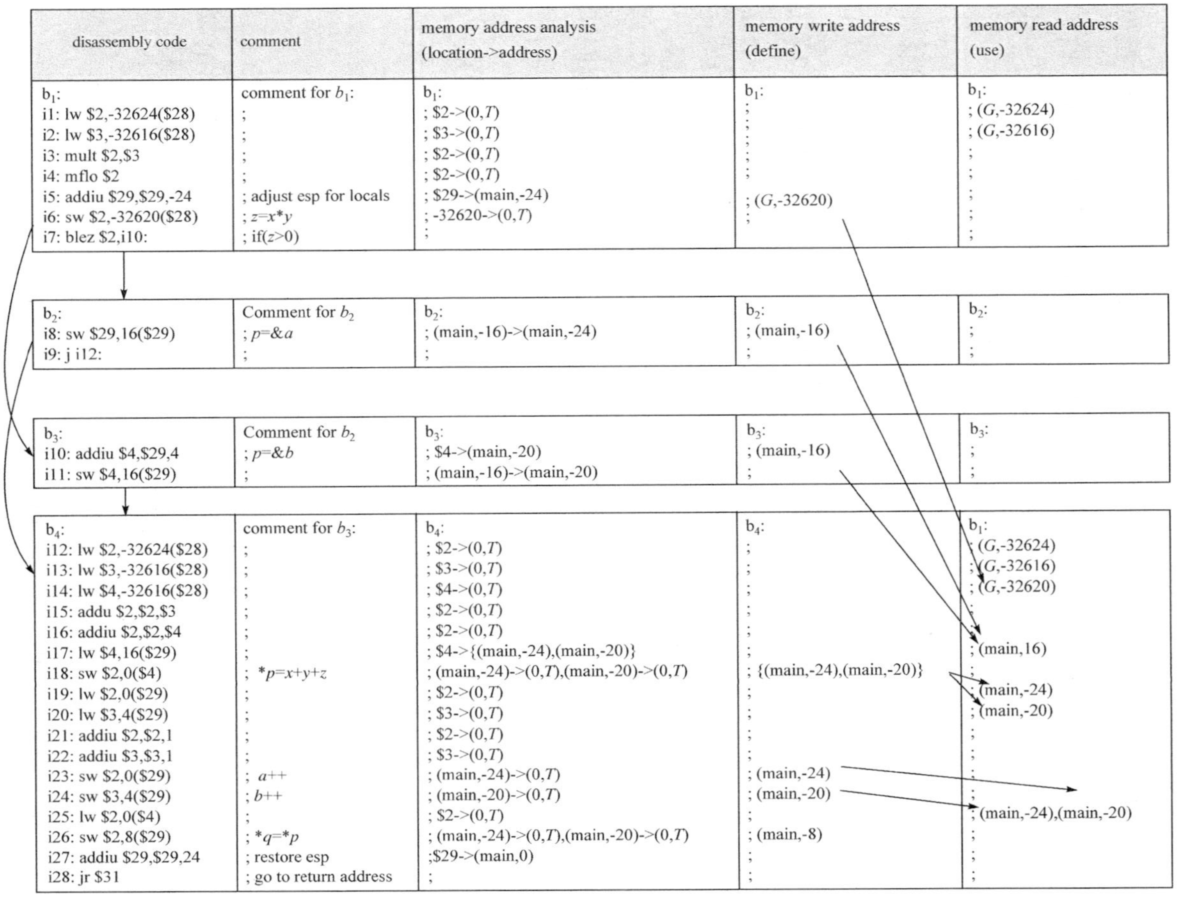

disassembly code	comment	memory address analysis (location->address)	memory write address (define)	memory read address (use)
b_1:	comment for b_1:	b_1:	b_1:	b_1:
i1: lw $2,-32624($28)	;	; $2->(0,*T*)	;	; (*G*,-32624)
i2: lw $3,-32616($28)	;	; $3->(0,*T*)	;	; (*G*,-32616)
i3: mult $2,$3	;	; $2->(0,*T*)	;	;
i4: mflo $2	;	; $2->(0,*T*)	;	;
i5: addiu $29,$29,-24	; adjust esp for locals	; $29->(main,-24)	;	;
i6: sw $2,-32620($28)	; *z=x*y*	; -32620->(0,*T*)	; (*G*,-32620)	;
i7: blez $2,i10:	; if(*z*>0)	;	;	;
b_2:	Comment for b_2	b_2:	b_2:	b_2:
i8: sw $29,16($29)	; *p=&a*	; (main,-16)->(main,-24)	; (main,-16)	;
i9: j i12:	;	;	;	;
b_3:	Comment for b_2	b_3:	b_3:	b_3:
i10: addiu $4,$29,4	; *p=&b*	; $4->(main,-20)	; (main,-16)	;
i11: sw $4,16($29)	;	; (main,-16)->(main,-20)	;	;
b_4:	comment for b_3:	b_4:	b_4:	b_1:
i12: lw $2,-32624($28)	;	; $2->(0,*T*)	;	; (*G*,-32624)
i13: lw $3,-32616($28)	;	; $3->(0,*T*)	;	; (*G*,-32616)
i14: lw $4,-32616($28)	;	; $4->(0,*T*)	;	; (*G*,-32620)
i15: addu $2,$2,$3	;	; $2->(0,*T*)	;	;
i16: addiu $2,$2,$4	;	; $2->(0,*T*)	;	;
i17: lw $4,16($29)	;	; $4->{(main,-24),(main,-20)}	;	; (main,16)
i18: sw $2,0($4)	; **p=x+y+z*	; (main,-24)->(0,*T*),(main,-20)->(0,*T*)	; {(main,-24),(main,-20)}	;
i19: lw $2,0($29)	;	; $2->(0,*T*)	;	; (main,-24)
i20: lw $3,4($29)	;	; $3->(0,*T*)	;	; (main,-20)
i21: addiu $2,$2,1	;	; $2->(0,*T*)	;	;
i22: addiu $3,$3,1	;	; $3->(0,*T*)	;	;
i23: sw $2,0($29)	; *a++*	; (main,-24)->(0,*T*)	; (main,-24)	;
i24: sw $3,4($29)	; *b++*	; (main,-20)->(0,*T*)	; (main,-20)	;
i25: lw $2,0($4)	;	; $2->(0,*T*)	;	; (main,-24),(main,-20)
i26: sw $2,8($29)	; **q=*p*	; (main,-24)->(0,*T*),(main,-20)->(0,*T*)	; (main,-8)	;
i27: addiu $29,$29,24	; restore esp	;$29->(main,0)	;	;
i28: jr $31	; go to return address	;	;	;

图 8.9　一个例子

8.3.2 存储器地址分析

文献[34],[35]中提出的抽象解释技术可以用于分析反汇编级的ICFG中的存储器地址。这种技术使用a-loc抽象化静态计算一个精确的over-approximation,每个存储位置或寄存器可能包含的一组这样的值。a-loc抽象化是基于如下观察结论:在生成可执行文件之前建立程序的数据布局。每个全局对象的访问是通过全局指针寄存器加上一个偏移常量。每个局部对象的访问是通过栈指针寄存器加上一个偏移常量。一个精细的抽象数值域用于over-approximation存储器地址,每个a-loc持有特定的程序指针。一个全局区域中的抽象地址可以表示为(G,offset),函数f的一个局部区域可以表示为(f,offset)。一个常量地址或值c可以记作(0,c)。

图8.9第三列展示了C语言示例代码的存储器地址分析结果。假设栈指针在main函数(main,0)的入口处。在第n行代码之后,我们迅速使用p_n表示程序的指针。在p_5处,a-loc \$29的内容是(main,-24)。在p_{10}处,(main,-16)的内容是(main,-24)。在p_{16}处,不能确定(main,-16)的内容是(main,-24)还是(main,-20)。为此,在p_{17}处,\$4的内容可以是任意值。

8.3.3 定义可达性分析

对每个存储器访问指令计算一组可能的存储地址之后,定义可达性分析方法[36]可以针对每个MWI构建define-use链。如果MRIs读取w所写的内容时,那么一个define-use链$<w,\{r_1,r_2,\cdots,r_k\}>$可以表示为一个MWI w和一组MRIs r_i共同构成的。

图8.9展示了图8.8中例子的可达性分析结果。每个MWI指令所写的存储地址在第四列。可以看出,$i8$和$i11$都写了(main,-16),然后又被$i17$读取。由于在编译期间不知道哪个分支将会执行,那么$i8$

和 $i11$ 会同时映射到 $i17$。同样，由于 $i18$ 可能写(main,-24)或(main,-20)，$i19$ 读取(main,-24)和 $i20$ 读取(main,-20)，$i18$ 同时映射到 $i19$ 和 $i20$。图 8.10 展示了一个更加简单和易于理解的示例。

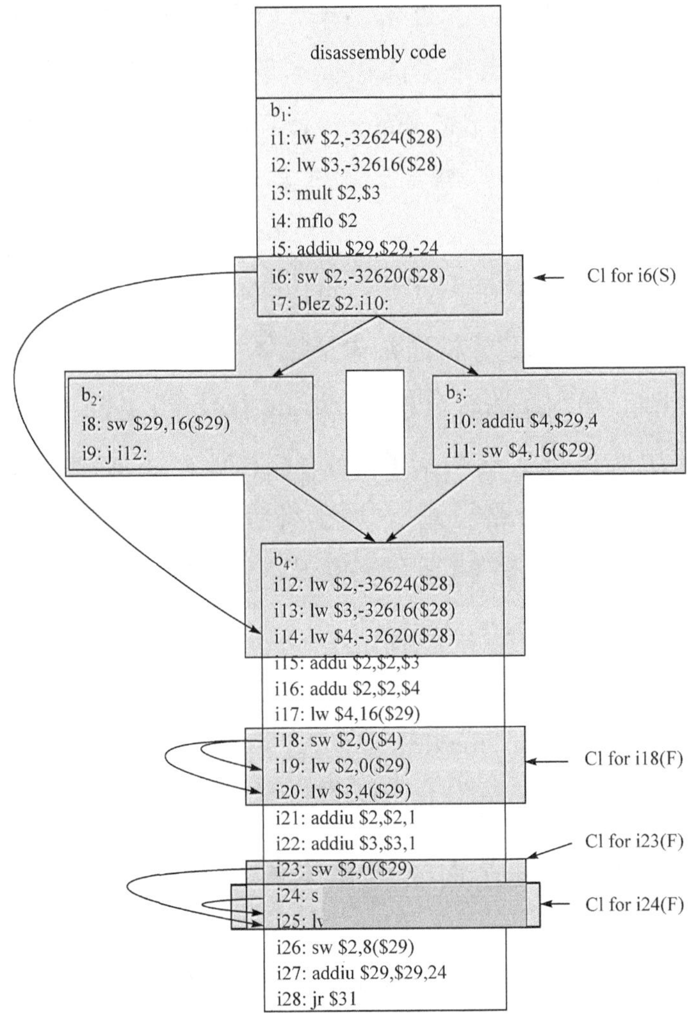

图 8.10　一些 MWIs 的 difine-use 链和 CIs

(在圆括号中，相应的 MWI 的“S”表示慢写模式和“F”表示快写模式)

8.3.4　WCLT 分析

在一个可靠的实时系统的开发和验证过程中，非常有必要确定一个程序执行时间的上确界，通常叫做最坏情形执行时间。许多学术界和工业界的研究者都提出并开发了专门用于 WCET 分析的工具[37]，如 aiT[38]和 Chronos[39]分析工具。这些工作主要聚焦在开发先进的技术来获取更加精确的 WCET。近来，WCET 感知的编译技术被广泛应用在研究中。这些工作提出许多优化技术来减少一个程序的 WCET，例如在便笺存储器（scratch pad memory，SPM）中分配数据和代码[40,41]、锁定数据和指令缓存[42,43]等。本章将采用 Chronos 工具分析 WCET 和 WCLT。

为了分析每个 MWI 的 WCLT，可以采用最坏情形执行时间分析技术。一个程序的 WCET 分析通常包括微体系结构模型（micro-architectural modelling）和程序路径分析（program path analysis）两个步骤。微体系结构模型捕获每个基本块的 WCET 特征。然后，程序路径分析，包括路径枚举和不可行路径评估，用于将单独基本块的 WCET 结合起来，从而获取整个程序的 WCET。WCET 分析技术通常采用整数线性规划（integer linear programming，ILP））来分析程序的路径。一个程序的 WCET 可以通过如下的目标函数表示，即

$$\text{maximize}\sum_{b\in B} N_b * c_b \tag{8.1}$$

其中，B 表示一个程序的基本块的集合；N_b 是一个 ILP 变量，表示基本块 b 的执行次数；c_b 是一个常量（在微体系结构模型中计算得出），表示基本块 b 的 WCET。

许多约束条件用于消除不可行路径，比如循环边界约束或其他类型的约束条件等。

WCET 分析计算一个程序的 WCET，但不能直接用于 MWI 的 WCLT 分析。因为 WCLT 计算关心的是最坏情形的时间距离，即从一次 MWI 指令写入一个值到这个值最后一次被读取时为止。因此，WCLT 计算只关心路径上的指令集，也就是从 MWI 写入一个值到

MRIs读取该值时即可。我们需要从ICFG中抽取相应的子图，这些可以通过如下步骤来实现。

① 对于每个基本块 i，计算它可达的一组缓存块，然后用点阵reach存储这些信息。如果 i 可以到达基本块 k，reach[i][i]就设置为1；否则，设置为0。可达性关系 R 定义为$(b_i, b_j) \in R$，如果 b_j 是 b_i 或 b_j 是 b_i 的后继块或有另外的块 b_k 满足$(b_i, b_k) \in R \wedge (b_k, b_j) \in R$。可达性关系的计算方法和在ICFG上的传递闭包计算一样，如图8.11的算法所示。另外，清单式的算法可以更加高效。

② 对于每个MWI i，假设它属于块 b_i，能够到达所有 b_i 能到达的地方。同样的，i 可达到所有可达到 b_i 的块。例如，在图8.11中，MWI $i6$ 可达到所有块，而 $i8$ 只能到达 b_2 和 b_4。相似的，MRI $i14$ 和 $i17$ 可达到所有块。

```
输入:   blocks:程序的基本块列表;
        N:程序基本块的总共数量;
        reach[N][N]:可达性关系矩阵;
输出:   reach[N][N]:可达性关系更新;
 1:     //1. 初始化 reach[N][N]
 2:     FOR 基本块 blocks 中的每一个块 b_i DO
 3:         FOR 基本块 blocks 中的每一个块 b_j DO
 4:             IF b_j 是 b_i 的后继块或 b_j 是 b_i THEN
 5:                 reach[i][j]←true;
 6:             ELSE
 7:                 reach[i][j]←false;
 8:             END IF
 9:         END FOR
10:     END FOR
11:     //2. 计算传递闭包
12:     FOR k 从 1 到 N DO
13:         FOR i 从 1 到 N DO
14:             FOR j 从 1 到 N DO
```

```
15:                 IF reach[i][k] && reach[k][j] THEN
16:                     reach[i][j]←true;
17:                 END IF
18:             END FOR
19:         END FOR
20:     END FOR
```

图 8.11　可达性计算算法

③ 对于每一个 define-use 链<w,{r_1,r_2,…,r_k}>,可以很容易从 ICFG 中抽取一个顶点导出子图,包括包含的指令(covered instructions,CI),如图 8.12 的算法所示。这个子图可以看做是一个伪程序,w 看作程序的入口,每个 r_i 看作程序的出口。然后,我们可以通过计算这个伪程序的 WCET 来获取 w 的 WCLT。

```
输入:  <w,{r1,r2,…,rk}>:一个 define-use 链,w 和 MWI 相关;
       blocks:程序的基本块列表;
       reach[N][N]:可达性关系矩阵;
输出:  insts:w 所包括的一组指令集合;
 1:    FOR 基本块 blocks 中的每一个块 bi DO
 2:        IF w 属于 bi THEN
 3:            将所有 bi 之后的 w 指令添加到 insts;
 4:        ELSE IF 任何 ri 属于 bi DO
 5:            将所有 bi 之前的 ri 指令添加到 insts;
 6:        ELSE IF reach[w][bi] &&(reach[bi][r1]||reach[bi][r2]...reach[bi][rk])THEN
 7:            将所有 bi 的指令添加到 insts;
 8:        END IF
 9:    END FOR
```

图 8.12　计算每个 define-use 链的所包含的指令

例如,在图 8.10 中,根据 define-use 链<$i6$,{$i14$}>,$i6$ 可达所有块。我们可以计算子图(包括所有块,b_1 从 $i6$ 到 $i7$,b_4 从 $i12$ 到 $i14$,还有所有的 b_2 和 b_3)的 WCET 来间接计算 WCLT($i6$)。假设每条指令需要 1 个周期,那么 WCLT($i6$)、WCLT($i8$)、WCLT($i11$)和 WCLT($i18$)

分别需要 9、8、7 和 3 个周期。

8.3.5　代码注入

通过分析每个 MWI 的 WCLT，我们可以通过如下步骤为每个 MWI 选择最为合适的写模式。

① 插入 WSI。访问 CFG 并扫描每个 MWI w。如果 WCLT(w)大于或等于快写模式的数据保留时间，那么迅速在 w 之前插入 WSI 并选择慢写模式；否者，迅速在 w 之前插入 WSI 并选择快写模式。

② 优化。如果连续多个 MWI 都需要同样的写模式，那么多个 WSI 中间的指令可以安全地清除掉。

我们将通过一个例子来讲解代码注入是如何工作的。假设快写模式的数据保留时间是 5 个周期。在图 8.9 中，$i6$，$i8$ 和 $i11$ 的 WCLTs 都大于快写模式的数据保留时间。因此，我们为这三个 MWI 选择慢写模式，而其他的 MWI 则选择快写模式。在插入 WSI 阶段，我们为 $i6$，$i8$ 和 $i11$ 插入 3 个 WSI 来选择慢写模式，为其他的 MWI 插入 4 个 WSI 来选择快写模式。那么现在总共插入了 7 个 WSI。在优化阶段，在为 $i6$ 插入一个 WSI 后，很容易在编译期识别 $i8$ 和 $i11$ 在执行前的写模式状态，即为慢写模式，那么在 $i8$ 和 $i11$ 之前可以迅速安全地清除他们的 WSI。相似的，在 $i18$、$i23$、$i24$ 和 $i26$ 之前，快写模式的多个 WSI 可以安全地清除掉。通过上述两步清除优化操作，那么在优化阶段可以节约 5 个 WSI。

8.4　实验评估方法

图 8.13 展示了本章研究的实验流程图。首先，每个测试程序的源代码都通过 GCC 进行编译，然后，可以生成对应的二进制文件。最坏情形的生命期是在二进制文件上进行分析的，主要是鉴别每次写操作

的 WCLT。根据 WCLT 的分析结果，代码注入阶段将产生辅助文件，而不是再次访问二进制文件。这个辅助文件为每个 MWI i 提供一个三元组结构<addr，mode，sel>。其中 addr 是指令地址，mode 是写模式和 sel 表示 WSI i 是否需要还是该被清除。最后，二进制文件将根据辅助文件在模拟器中运行。

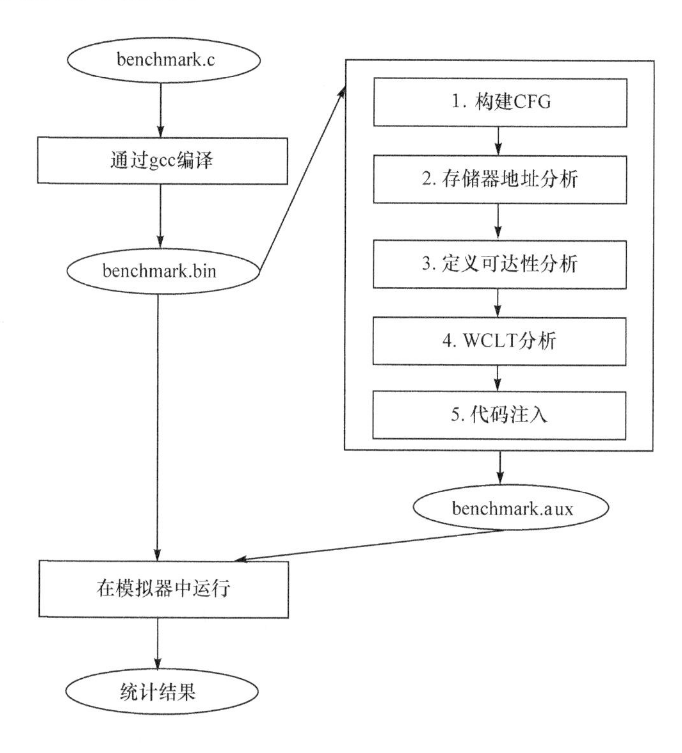

图 8.13 实验流程图

根据文献[39]提出的 Chronos 方法实现本章提出的 WCLT 分析方法。我们采用一个节能的 MCU、megaAVR[44] 和 PIC[45]，作为本章的基准配置。为了增强功耗效率，这些 MCU 没有缓存或存储管理单元。因此，指令可以直接访问片上或片外存储。修改过的 SimpleScalar[46] 用于功耗和性能评估。表 8.2 显示了基准配置信息。在实验过程中，对于慢写模式，我们选择 10 次迭代的编程模式，而快写模式则选择 3 次迭代的编程模式。由于每个电脉冲有着相同的宽度，那么写操作延迟是由迭代的次数所决定的。

为了评价本章所提出的方法，对比 5 种方法，如表 8.3 所示。在 fast 方法中，所有写操作都以快写模式执行。存储器采用 DRAM-style 的刷新方法，这种刷新方法将周期性地刷新整个 PCM。在 slow 方法中，所有的写操作都以慢写模式执行。在 dual 方法中，根据本章所提出的 CDDW 方法，不同的 MWI 将静态的选择不同的写操作模式进行执行。optimal 方法和 ideal 方法都是基于 trace 的。在 optimal 方法中，将根据每个 MWI 的抽样输入动态的选择写操作模式，但是每个 MWI 只能选择一种确定的模式。在 ideal 方法中，每个 MWI 实例都独自动态的选择最好的写模式。这些基于 trace 的方法都用来评价我们程序输入的最优性。本章采用的测试集和输入集都是从 LLCM 测试包[47]中获取的。表 8.4 展示了这些测试程序的基本特征，包括总共指令数、总共的读操作次数和总共的写操作次数。

表 8.2　基准配置

参数	配置
MCU 核心	单路发射，主频为 1MHz，没有缓存，没有 MMU
代码存储器	每条指令访问周期为 1(没有访问数据存储器) 每个 WSI 执行周期为 1
数据存储器	128KB，32-bit 宽，刷新代价：2^{17} 个周期① 读功代价：1μs 和 48pJ 快写代价：3μs 和 955.2 pJ 慢写代价：10μs 和 1542.4 pJ 快写数据保留时间：1.87s 慢写数据保留时间：11158.84s

① 假设刷新整个存储器，其中 4-Byte 块需要一次读操作和一次快写操作。对于 128KB 的 PCM，需要 $(3+1)\times\frac{2^{17}}{4}=2^{17}\mu s$ 的刷新时间

表 8.3　实验评价中的五种写操作方法

方法名称	描述
fast	所有写操作都以快写模式执行，存储器需要刷新操作
slow	所有写操作都以慢写模式执行，存储器不需要刷新操作
dual	当且仅当 MWI 的所有实例都保守估计为生命期短时，那么 MWI 将以快写模式执行。存储器不需要刷新操作。这是本章所提出的 CDDW 方法
optimal	当且仅当 MWI 的所有实例的生命期短且在抽样 trace 以内时，那么 MWI 将以快写模式执行。存储器不需要刷新操作
ideal	当且仅当一个 MWI 实例的生命期短且在抽样 trace 以内时，那么 MWI 将以快写模式执行。存储器不需要刷新操作

表 8.4　测试程序的基本特征

测试程序	总共的指令数	总共的读操作次数	总共的写操作次数
basicmath	1.7E+09	6.1E+08	4.3E+08
bitcount	6.2E+08	9.0E+07	3.2E+07
blowfish	6.1E+08	3.1E+08	1.5E+08
CRC32	1.3E+09	8.3E+08	3.7E+08
dijkstra	2.0E+08	5.2E+07	2.3E+07
FFT	2.8E+08	1.2E+08	7.6E+07
qsort	3.4E+08	1.1E+08	7.5E+07
rijndael	2.30E+08	1.50E+08	2.40E+07
sha	1.20E+08	4.00E+07	1.20E+07
stringsearch	3.10E+06	9.40E+05	1.30E+06
distray	2.70E+10	1.20E+10	4.10E+09
drop3	2.10E+09	7.10E+07	2.00E+07
fourinarow	1.50E+09	7.00E+08	1.80E+08
flops	1.50E+09	2.20E+07	1.80E+04
mandel	3.00E+07	1.20E+07	9.10E+06
oourafft	1.10E+09	3.60E+08	2.90E+08
salsa20	4.60E+08	7.70E+07	6.60E+07
whetstone	1.30E+08	4.60E+07	1.50E+07

8.5　实验结果与分析

首先，从性能和功耗的角度对比五种方法。然后，展示 MLC PCM 存储系统的耐久性提升情况。最后，讨论 CDDW 方法的设计开销。

8.5.1　性能提升评价

图 8.14 显示了本章所提出的 CDDW 方法所获得的性能提升情况。图中的实验结果都归一化到 fast 方法。如图 8.14 所示，对于所有的测试程序，slow 方法总是获得最差的性能，这是由慢写操作所引起的。从平均上看，本章提出的 CDDW 方法比 slow 方法提高了 35.9％的性能。与 fast 方法相比，dual、optimal 和 ideal 方法能平均提升 6.3％、6.5％和 6.5％的性能。这表明，强制性的刷新块的读操作会损失系统性能。更进一步分析，后面三种方法相互之间的提升效果都非常接近。这是因为有这样一个事实，通过引入少量的慢写操作，这三种方法都能消除所有的刷新操作，这将在表 8.5 中讨论。

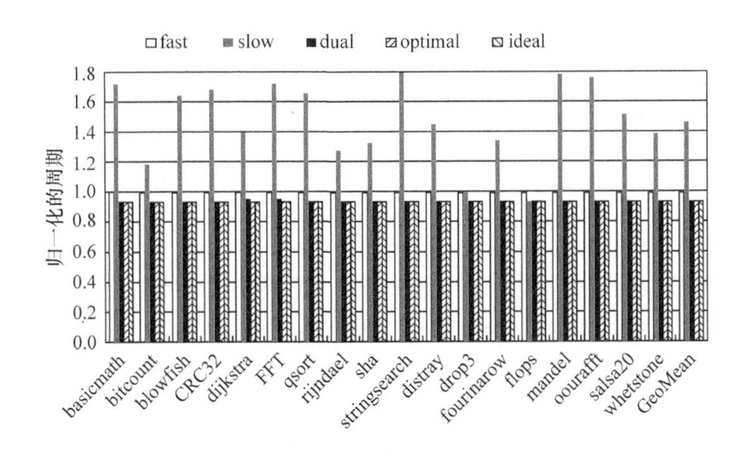

图 8.14　性能提升情况

同样可以观察到，对于运行时间短或存储空间小的应用程序，fast

方法的刷新开销非常小。然而，slow 方法的性能却受写操作的延迟长而影响。相反，对于运行时间长或存储空间大的应用程序，与 fast 方法对比，slow 方法的性能提升效果明显，如 drops 和 flops 测试程序。与 fast 和 slow 方法对比，本章的 dual 方法总是能获得较好的性能。

8.5.2　写功耗减少评价

图 8.15 显示了本章提出的 CDDW 方法的写功耗对比情况。所有的实验结果都归一化到 fast 方法。毫无疑问，对于所有的测试程序，slow 方法消耗了最多的写功耗。CDDW 方法比 slow 方法减少了 33.8%的写功耗。

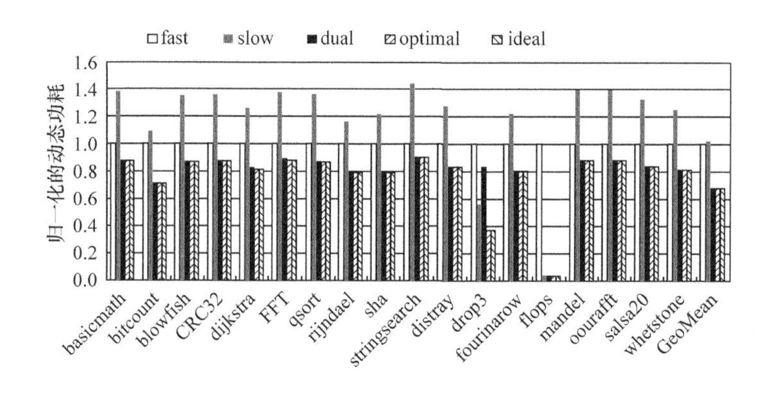

图 8.15　写功耗对比情况

同样可以看出，与 fast 方法相比，从平均上看，dual、optimal 和 ideal 方法分别能减少 32.4%、32.5% 和 32.5% 的写功耗。本章提出的 CDDW 方法与 optimal 和 ideal 方法的效果比较接近。

对于 flops 和 drop3 测试程序，功耗减少的程度特别明显。主要原因是，对于这两个测试程序，它们的写操作次数相对于刷新操作的次数要小很多。这样，从快写模式获得的好处就非常小，然而刷新开销却非常大。这也同样解释了对于这两个测试程序，slow 方法要优于 fast 方法的原因。

8.5.3　耐久性评估

为了评价 PCM 的耐久性，我们使用下面的公式进行计算[23,24]，即

$$\lg(\text{lifetime}) = -7 * \lg(NE_{write}) + 10 \tag{8.2}$$

其中，NE_{write}表示所提到的方法(归一化到最优的写功耗)的写功耗。

PCM 的耐久性将分别从两种情形进行考虑。在第一种情形下，假设使用一种好的 PCM 磨损均衡技术，如 Start-Gap[48]，这样 PCM 上的所有写操作将均匀地分布于所有存储单元。因此，PCM 的寿命是由平均的写功耗所决定的。在这种情形下，NE_{write}是所有存储单元的平均写功耗。在第二种情形下，假设 PCM 没有使用磨损均衡技术。PCM 的寿命是由最热的存储单元，也就是写操作次数最多的那个存储单元所决定的。在这种情形下，NE_{write}是最热存储单元的写功耗。

图 8.16 显示了在第一种情形下的耐久性评估对比情况。可以看出，dual、optimal 和 ideal 方法都能较好的提升 PCM 的耐久性。slow 方法的效果较差。这一结论和功耗评估的情况是一致的。

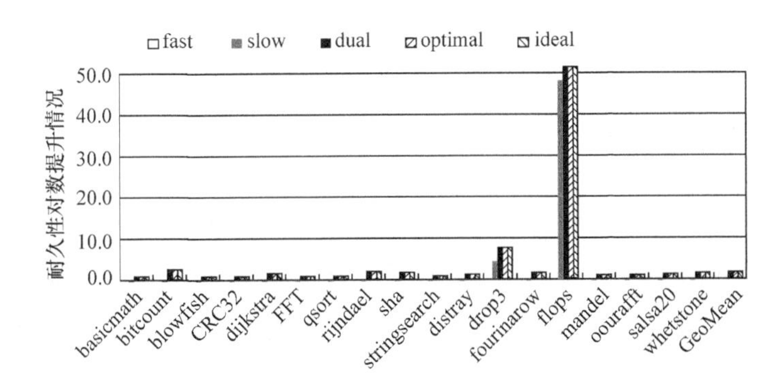

图 8.16　在拥有较好的磨损均衡技术下的耐久性对比(值越大表示耐久性越好)

图 8.17 显示了在第二种情形下的耐久性评估对比情况。可以看出，对于大多数测试程序，dual、optimal 和 ideal 方法的耐久性评估效果几乎是一样的，并且都比 fast 方法要稍微好一点。这是因为在这种情

形下,PCM 的耐久性是由磨损最坏的存储单元所决定的。同样,对于这些测试程序,磨损最坏的存储单元总是以快模式写入数据,而 fast 方法则需要额外的刷新开销。图 8.17 同样展示了对于大多数测试程序,slow 方法的实验效果是最差的,这一结论也是和功耗评估的情况是一致的。然而,对于四个测试程序,slow 方法的实验效果要好于 fast 方法。这是因为对于这些测试程序,写操作的次数相对于刷新操作的总次数要小很多。

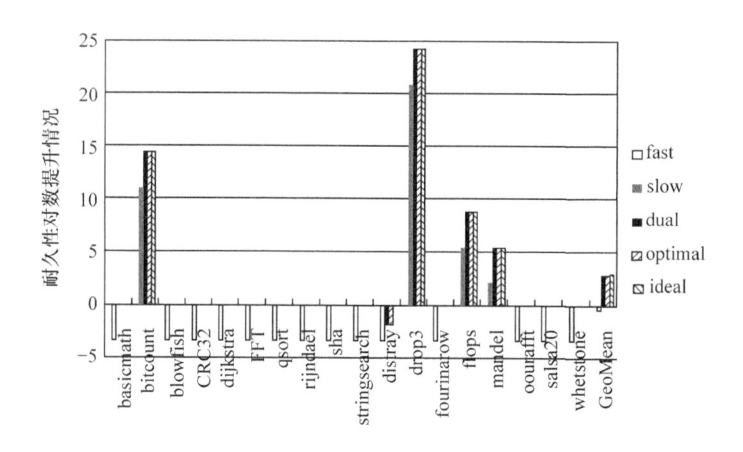

图 8.17 在没有磨损均衡技术下的耐久性对比(值越大表示耐久性越好)

8.5.4 开销和有效性讨论

本节讨论本章提出的 CDDW 方法的开销和有效性。根据前面的实验结果分析可知,dual 方法的实验效果与 optimal 和 ideal 非常接近。这是由于存在这样一种现象,虽然在 dual 方法下使用慢写模式时,其中的写操作次数要多于 optimal 方法,但是这些多余的慢写操作的开销是非常小的。这些慢写操作的数量相对于整体写操作的数量是非常小的,如表 8.5 所示。

表 8.5　dual、optimal 和 ideal 方法对比

（# of Slow MWIs 表示慢 MWIs 的数量，# of Slow Writes 表示在慢模式下写操作的次数）

测试程序	总共的指令数			总共的读操作次数		
	dual	optimal	ideal	dual	optimal	ideal
basicmath	2	2	2	2	2	2
bitcount	9	9	9	43	43	32
blowfish	8	3	3	1889	3	3
CRC32	7	6	6	6507	7	6
dijkstra	22	11	11	712145	151433	2417
FFT	19	13	13	1474712	65558	52866
qsort	11	10	10	300017	150012	10
rijndael	9	8	8	812	12	10
sha	10	7	7	810	10	7
stringsearch	2	2	2	2	2	
distray	6	5	5	1843212	1843205	5
drop3	4	1	1	12	1	1
fourinarow	48	48	48	1032772	1032769	1365
flops	8	7	7	47	49	25
mandel	0	0	0	0	0	0
oourafft	20	4	4	270077	19	7
salsa20	0	0	0	0	0	0
whetstone	13	8	8	82	34	23

由于代码注入阶段将插入额外的 WSIs 来控制每个 MWIS 的写模式状态，这将需要代码空间的开销。在 dual 方法下，额外的 WSIs 的数量小于或等于 Slow MWIS 的数量，从表 8.5 的第二列可以看出，Slow MWIS 的数量是可以忽略不计的。额外的 WSIs 同样也将消耗时钟周期，它的数量也是小于或等于 dual 方法中的慢写模式下的写操作次数。如表 8.5 第五列可以看出，慢写模式下的写操作次数也是非常小的。因此，代码空间和运行时开销都非常的小。

8.5.5　进一步讨论

fast 方法的额外代价来自于刷新操作。图 8.18 展示了 PCM 的容量大小对性能和功耗的影响。可以发现，与其他几种方法对比，随着 PCM 空间逐渐变大，由于刷新开销的代价，fast 方法的实验效果急剧下降。这一现象表明，为了进一步开发和探索 fast 方法的性能，需要研究一种比 DRAM-style 更好的刷新方法。

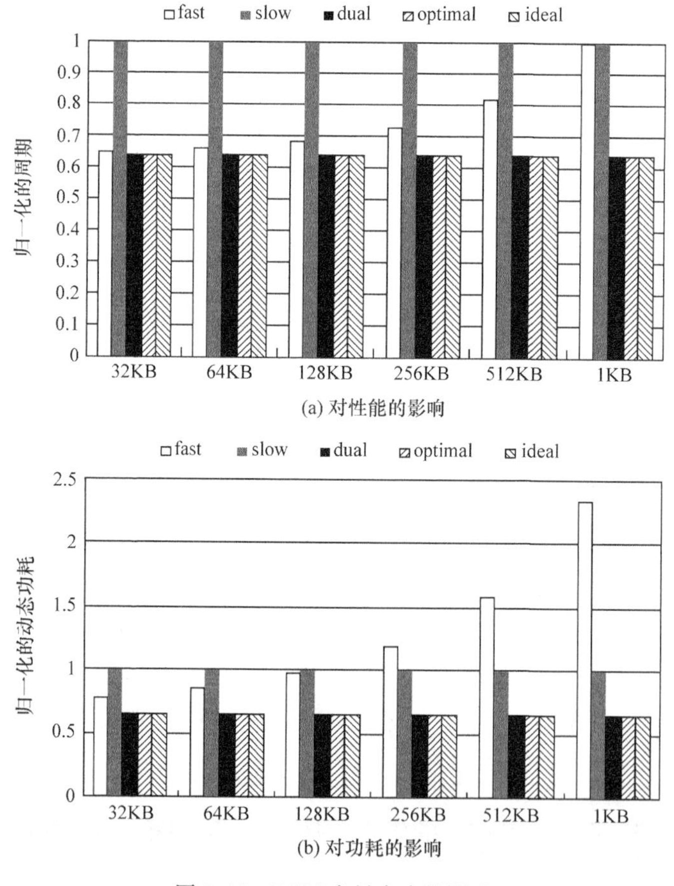

图 8.18　PCM 容量大小的影响

考虑 MCU 系统中硬件的限制，本章的方法未考虑刷新方法。本章提出的 CDDW 方法可以完全避免刷新操作。慢写模式是非易失性的并且不需要刷新操作。快写模式应用在写指令中，它的 WCLT 比数据保留时间要短很多，并且不需要刷新操作。因此，我们提出的方法设计不需要专门的刷新硬件的支持。

考虑中断机制，WCLT分析应该考虑中断程序的执行时间。在WCLT分析的过程中，一个保守的解决方案是将中断程序的WCLT添加到每个可中断程序点。可以开发更多的技术来为中断程序选择不同的写模式，但是这些技术都依赖于详细的中断机制，这不在本章研究的讨论范围之内。

8.6 本章小结

MLC PCM存储技术被用于探索PCM存储密度的潜力。对于MLC PCM，在数据保留时间和性能之间有一个明确的权衡。访问速度慢和写功耗大的PCM存储单元可以看做是非易失性的，而访问速度快和写功耗小的PCM存储单元可以看做是易失性的PCM。我们提出一种编译指导的双重写方法，对于生命期短的存储器写指令，CDDW方法选择快写模式/易失性模式PCM。对于生命期长的存储器写指令，CDDW方法选择慢写模式/非易失性模式PCM。实验评估结果表明，与完全快写和完全慢写相比，本章提出的方法能同时减少系统功耗和提高系统的性能。

参考文献

[1] Freescale. MC13224V Technical Data[R]. Freescale,2012.

[2] OracleLabs. SunSPOT[EB/OL]. http://www.sunspotworld.com/[2012-10-3].

[3] Grupp L M,Davis J D,Swanson S. The bleak future of NAND flash memory[C]//Proceedings of the 10th USENIX conference on File and Storage Technologies. USENIX Association,2012:2-2.

[4] Qin Z,Wang Y,Liu D,et al. Demand-based block-level address mapping in large-scale NAND flash storage systems[C]//Proceedings of 2010 IEEE/ACM/IFIP International Conference

on Hardware/Software Codesign and System Synthesis(CODES+ISSS). Piscataway NJ: IEEE,2010:173-182.

[5] Qin Z,Wang Y,Liu D,et al. MNFTL:an efficient flash translation layer for MLC NAND flash memory storage systems[C]//Proceedings of the 48th Design Automation Conference. New York:ACM,2011:17-22.

[6] Shi L,Xue C J,Hu J,et al. Write activity reduction on flash main memory via smart victim cache[C]//Proceedings of the 20th Symposium on Great Lakes Symposium on VLSI. New York:ACM,2010:91-94.

[7] Hu J,Xue C J,Tseng W C,et al. Minimizing write activities to non-volatile memory via scheduling and recomputation[C]//Proceedings of 2010 IEEE 8th Symposium on Application Specific Processors(SASP). Piscataway NJ:IEEE,2010:101-106.

[8] Hu J,Tseng W C,Xue C J,et al. Write activity minimization for nonvolatile main memory via scheduling and recomputation[J]. IEEE Transactions on Computer-Aided Design of Integrated Circuits and Systems. Piscataway NJ:IEEE,2011,30(4):584-592.

[9] Liu T,Zhao Y,Xue C J,et al. Power-aware variable partitioning for DSPs with hybrid PRAM and DRAM main memory[C]//Proceedings of the 48th Design Automation Conference. New York:ACM,2011:405-410.

[10] Li J,Shi L,Xue C J,et al. Exploiting set-level write non-uniformity for energy-efficient NVM-based hybrid cache[C]//Proceedings of 2011 9th IEEE Symposium on Embedded Systems for Real-Time Multimedia(ESTIMedia). Piscataway NJ:IEEE,2011:19-28.

[11] Li J,Xue C J,Xu Y. STT-RAM based energy-efficiency hybrid cache for CMPs[C]//Proceedings of 2011 IEEE/IFIP 19th International Conference on VLSI and System-on-Chip (VLSI-SoC). Piscataway NJ:IEEE,2011:31-36.

[12] Micro. PCM chip[EB/OL]. http://www. micron. com/products/multichip-packages/pcm-based-mcp[2012-9-10].

[13] Zhou P,Zhang Y,Yang J. The design of sustainable wireless sensor network node using solar energy and phase change memory[C]//Proceedings of the Conference on Design, Automation and Test in Europe. New York:EDA Consortium,2013:869-872.

[14] Raoux S,Burr G W,Breitwisch M J,et al. Phase-change random access memory:a scalable technology[J]. IBM Journal of Research and Development,2008,52(4,5):465-479.

[15] Choi Y,Song I,Park M H,et al. A 20nm 1. 8 V 8Gb PRAM with 40MB/s program band-

width[C]//Solid-State Circuits Conference Digest of Technical Papers(ISSCC),2012 IEEE International. Piscataway NJ:IEEE,2012:46-48.

[16] Jiang L,Zhao B,Zhang Y,et al. Improving write operations in MLC phase change memory[C]//Proceedings of 2012 IEEE 18th International Symposium on High Performance Computer Architecture(HPCA). Piscataway NJ:IEEE,2012:1-10.

[17] Qureshi M K,Franceschini M M,Lastras-Montaño L A,et al. Morphable memory system:a robust architecture for exploiting multi-level phase change memories[C]//ACM SIGARCH Computer Architecture News. New York:ACM,2010,38(3):153-162.

[18] Lee B C,Ipek E,Mutlu O,et al. Architecting phase change memory as a scalable dram alternative[C]//ACM SIGARCH Computer Architecture News. New York:ACM,2009,37(3):2-13.

[19] Qureshi M K,Srinivasan V,Rivers J A. Scalable high performance main memory system using phase-change memory technology[J]. ACM SIGARCH Computer Architecture News. New York:ACM,2009,37(3):24-33.

[20] Zhou P,Zhao B,Yang J,et al. A durable and energy efficient main memory using phase change memory technology[C]//ACM SIGARCH Computer Architecture News. New York:ACM,2009,37(3):14-23.

[21] Jiang L,Zhang Y,Yang J. Enhancing phase change memory lifetime through fine-grained current regulation and voltage upscaling[C]//Proceedings of 2011 International Symposium on Low Power Electronics and Design(ISLPED). Piscataway NJ:IEEE,2011:127-132.

[22] Qureshi M K,Franceschini M M,Lastras-Montano L A. Improving read performance of phase change memories via write cancellation and write pausing[C]//Proceedings of 2010 IEEE 16th International Symposium on High Performance Computer Architecture(HPCA). Piscataway NJ:IEEE,2010:1-11.

[23] Jiang L,Zhang Y,Childers B R,et al. FPB:Fine-grained power budgeting to improve write throughput of multi-level cell phase change memory[C]//Proceedings of the 2012 45th Annual IEEE/ACM International Symposium on Microarchitecture. Piscataway NJ: IEEE Computer Society,2012:1-12.

[24] Jiang L,Zhang Y,Yang J. ER:Elastic reset for low power and long endurance MLC based phase change memory[C]//Proceedings of the 2012 ACM/IEEE International Symposium on Low Power Electronics and Design. New York:ACM,2012:39-44.

[25] Hay A, Strauss K, Sherwood T, et al. Preventing PCM banks from seizing too much power[C]//Proceedings of the 44th Annual IEEE/ACM International Symposium on Microarchitecture. New York: ACM, 2011: 186-195.

[26] Qureshi M K, Franceschini M M, Jagmohan A, et al. PreSET: improving performance of phase change memories by exploiting asymmetry in write times[J]. ACM SIGARCH Computer Architecture News, 2012, 40(3): 380-391.

[27] Awasthi M, Shevgoor M, Sudan K, et al. Efficient scrub mechanisms for error-prone emerging memories[C]//High Performance Computer Architecture (HPCA), 2012 IEEE 18th International Symposium on. Piscataway NJ: IEEE, 2012: 1-12.

[28] Lin J T, Liao Y B, Chiang M H, et al. Design optimization in write speed of multi-level cell application for phase change memory[C]//Proceedings of 2009 IEEE International Conference of Electron Devices and Solid-State Circuits (EDSSC). Piscataway NJ: IEEE, 2009: 525-528.

[29] Zhang W, Li T. Helmet: A resistance drift resilient architecture for multi-level cell phase change memory system[C]//Proceedings of 2011 IEEE/IFIP 41st International Conference on Dependable Systems & Networks (DSN). Piscataway NJ: IEEE, 2011: 197-208.

[30] Zhang W, Li T. Characterizing and mitigating the impact of process variations on phase change based memory systems[C]//Proceedings of the 42nd Annual IEEE/ACM International Symposium on Microarchitecture. New York: ACM, 2009: 2-13.

[31] Mantegazza D, Ielmini D, Varesi E, et al. Statistical analysis and modeling of programming and retention in PCM arrays[C]//Proceedings of 2007 IEEE International Electron Devices Meeting (IEDM). Piscataway NJ: IEEE, 2007: 311-314.

[32] Joshi M, Zhang W, Li T. Mercury: A fast and energy-efficient multi-level cell based phase change memory system[C]//Proceedings of 2011 IEEE 17th International Symposium on High Performance Computer Architecture (HPCA). Piscataway NJ: IEEE, 2011: 345-356.

[33] Jung C M, Lee E S, Min K S, et al. Compact Verilog-A model of phase-change RAM transient behaviors for multi-level applications[J]. Semiconductor Science and Technology, 2011, 26(10): 105018.

[34] Balakrishnan G, Reps T. Analyzing memory accesses in x86 executables[C]//International conference on compiler construction. Heidelberg: Springer, 2004: 5-23.

[35] Reps T, Balakrishnan G. Improved memory-access analysis for x86 executables[C]//Pro-

ceedings of International Conference on Compiler Construction. Heidelberg：Springer，2008：16-35.

[36] Aho A V，Sethi R，Ullman J D. Compilers：Principles，Techniques，and Tools[M]. Boston：Addison-Wesley Longman Publishing Co.，1986.

[37] Wilhelm R，Engblom J，Ermedahl A，et al. The worst-case execution-time problem-overview of methods and survey of tools[J]. ACM Transactions on Embedded Computing Systems (TECS). New York：ACM，2008，7(3)：36.

[38] AbsInt. Ait worst-case execution time analyzers[EB/OL]. http://www.absint.com/ait/index.htm[2013-6-7].

[39] Li X，Liang Y，Mitra T，et al. Chronos：a timing analyzer for embedded software[J]. Science of Computer Programming，2007，69(1)：56-67.

[40] Falk H，Kleinsorge J C. Optimal static WCET-aware scratchpad allocation of program code[C]//Proceedings of the 46th Annual Design Automation Conference. New York：ACM，2009：732-737.

[41] Suhendra V，Mitra T，Roychoudhury A，et al. WCET centric data allocation to scratchpad memory[C]//Proceedings of 2005 26th IEEE International Real-Time Systems Symposium (RTSS). Piscataway NJ：IEEE，2005：10，232.

[42] Liu T，Li M，Xue C J. Minimizing WCET for real-time embedded systems via static instruction cache locking[C]//Proceedings of 15th IEEE Real-Time and Embedded Technology and Applications Symposium(RTAS). Piscataway NJ：IEEE，2009：35-44.

[43] Vera X，Lisper B，Xue J. Data cache locking for tight timing calculations[J]. ACM Transactions on Embedded Computing Systems(TECS). New York：ACM，2007，7(1)：4.

[44] Atmel. Avr 8-bit and 32-bit microcontroller[EB/OL]. http://www.atmel.com/products/microcontrollers/avr/[2013-10-19].

[45] Microchip. Pic microcontrollers[EB/OL]. http://www.microchip.com/pagehandler/en-us/products/picmicrocontrollers[2013-11-12].

[46] Austin T，Larson E，Ernst D. SimpleScalar：an infrastructure for computer system modeling[J]. Computer，2002，35(2)：59-67.

[47] Lattner C E. The llvm compiler infrastructure[EB/OL]. http://llvm.org/[2012-12-9].

[48] Qureshi M K，Karidis J，Franceschini M，et al. Enhancing lifetime and security of PCM-based main memory with start-gap wear leveling[C]//Proceedings of the 42nd Annual IEEE/ACM International Symposium on Microarchitecture. New York：ACM，2009：14-23.

第9章　总结与展望

9.1　总　　结

随着科技的进步和社会的发展，人们对低功耗的智能电子设备的需求越来越旺盛，除了从硬件器件上优化各类设备部件的功耗，研究和设计处理器及其存储子系统是从体系结构上解决各种电子设备功耗高和使用寿命短等问题的重要手段。而片上缓存是连接处理器和存储子系统的关键部件，基于传统 SRAM 技术的片上缓存由于漏电功耗高和占用芯片面积大等缺点不能适应低功耗需求的发展目标。新型非易失性存储技术的出现为计算机存储技术带来了新的机遇，因为它具有漏电功耗低、存储密度高和非易失性等特点。研究者提出使用非易失性存储技术架构片上缓存，最大限度地利用非易失性存储技术的优点并克服其写操作代价大的问题，但缓存优化效果仍然有限。

本书围绕存储体系结构级缓存功耗展开研究。首先分析当前存储技术的发展状况，详细的总结和讨论缓存功耗研究成果的特点和不足；然后确定本书的研究思路：分别从分区技术、反馈学习、磨损均衡技术、数据分配技术、周期性学习和编译技术等角度对缓存的功耗在体系结构级做进一步优化；最后提出多种缓存功耗优化方法，并从功耗和性能等多个方面进行综合评价，效果较为显著。本书的主要贡献总结如下。

① 提出一种复用局部性感知的缓存分区方法。首先，根据应用程序对缓存数据的访问行为，将缓存分为活跃区域和非活跃区域，通过门控技术关闭非活跃区域以减少漏电功耗。然后，设计复用局部性算法

管理缓存,将高复用局部性的缓存块保留在缓存活跃区域。最后,通过复用局部性指导缓存数据的分配,尽量使数据对象分配到最合适的位置,从而降低缓存的功耗并提升系统的整体性能。在单线程、多道程序和多线程等工作负载下的实验结果表明了该方法的有效性。

② 提出一种基于反馈学习的死写终止方法以减少缓存中的死写操作。首先,通过数据复用距离和数据访问频率两个指标记录缓存块的访问行为,建立缓存块的量化评估模型。然后,设计缓存块分类算法,将缓存块分为活块和死块。最后,根据分类信息,如果缓存的写请求是死写,那么本次请求会被终止掉,并且对应的信息会反馈给评估模型。实验结果表明,最后一级缓存中的死写块大幅度减少,与主流方法相比,显著的善了缓存功耗。

③ 提出一种用 SRAM 辅助非易失性缓存,通过磨损均衡技术指导缓存数据分配的方法。重点关注写波动大的缓存组和写强度高的缓存单元,着力减少这部分缓存单元的写压力。首先,设计数据分配方法的控制逻辑和体系结构。然后,设计写波动感知的缓存块迁移算法,能感知缓存组间写波动并迁移写强度大的缓存组,用于减少缓存组间的写压力。最后,设计阈值指导的缓存块迁移算法,用于迁移缓存组内写局部性高的缓存块来减少组内写压力。实验结果表明,NVM 上的写操作大量减少,与现有的主流方法对比,明显减少了缓存功耗和提升了缓存的寿命。

④ 提出一种通过缓存访问的统计行为指导混合缓存数据分配的方法。首先,根据缓存数据读写操作统计行为评估缓存块的访问特征。然后,记录这些特征并设计混合缓存的体系结构。最后,建立混合缓存功耗的理论分析模型,并使用该模型指导缓存数据的分配。实验结果表明,缓存数据能够以低功耗的方式分配到合理的位置,从而保证缓存功耗和系统执行时间的减少。

⑤ 提出一种周期性学习的自适应缓存块数据分配方法。首先,定

义 MLC STT-RAM 缓存中数据分配问题，并给出贪心算法的解决思路。然后，离线分析缓存的访问行为。最后，根据这些访问行为信息设计周期性学习的自适应缓存数据分配算法。实验结果表明，缓存数据能够合理地分配到 MLC 的软区域和硬区域，进而减少了缓存功耗和系统执行时间。

⑥ 提出一种编译指导的双重写方法。首先，探索 MLC PCM 的写延迟和数据保留时间之间的关系，以分析写指令适合的写模式。然后，详细的介绍编译技术指导的双重写方法，以确定 PCM 中每条写指令适合的写模式，这一过程包括构造控制流程图、存储器地址分析、定义可达性分析、WCLT 分析和代码注入。实验结果表明，每条指令都能以适当的写模式写入 PCM，达到减少系统功耗和提升系统性能的目的。

9.2 展　　望

目前，新型非易失性存储技术在体系结构中的商业应用非常广泛，学术界已经从存储系统的多个角度进行了探讨，并取得显著的成果。随着大数据、云计算和物联网时代的到来，应用场景希望缓存系统的体积小、访问速度快和稳定性高等，传统缓存系统发展已经遇到瓶颈，新型 NVM 展现出的优良特性为解决应用场景的需求提供了可能。展望未来，新型 NVM 的广泛应用仍有许多挑战性的问题需要不断的探索和研究，未来的工作将从以下几个方面展开。

(1) 研究进一步提升缓存数据分配的准确性方法

本书的优化方法能从整体上降低系统的功耗，但是对于某些测试程序，其降低程度并不是十分明显。如何能够根据各类测试程序的特点，设计针对性更强的数学模型来捕获缓存的访问行为，这不但能提升缓存数据分配的准确性，而且更加有利于降低缓存的功耗。

（2）基于新型 NVM 的缓存体系结构优化方法

当前的缓存系统架构主要由 SRAM 构成，它有读写速度一致、存储容量小和使用寿命长等特点，而新型 NVM 读写不对称、写功耗大和寿命有限等问题不适合直接应用于当前缓存体系结构，需要从电路级、系统级和架构级针对性的设计，如针对写操作和写功耗优化、针对耗损均衡优化和针对性能的优化等。为解决单一 NVM 存储介质的缺点，可以构建同构混合缓存，如不同保留时间的 STT-RAM 组合；构建异构混合缓存，如 SRAM 与 STT-RAM、STT-RAM 与 DRAM 等；构建多层次混合缓存，如 SRAM 做 L1，STT-RAM 做 L2 和 PCM 做 L3 等，通过混合缓存方式充分发挥多种存储介质的优势，最终形成最优的新型缓存体系结构，这是值得深入研究的问题。

（3）基于新型 NVM 架构的缓存软件优化方法

由于新型 NVM 存储特性不同于传统存储介质，现有软件层的方法需进一步改进和优化，在缓存管理方面，需要针对新型 NVM 设计新的缓存数据结构和优化算法，减少不必要的写操作；在程序执行前，可以采用编译优化技术指导数据的分配和迁移，提升系统性能；在不同的应用场景，预测程序读写访问特点，动态的调整缓存访问策略，实现耗损均衡；在多核环境中，优化数据分配策略，使多核私有缓存访问均衡；在线程管理方面，研究线程调度算法优化，减少线程间访问冲突，线程访问均匀化，从而提升缓存系统性能；在缓存存储层次，优化各个层次间的带宽，增大数据吞吐率，缩短访问缓存的时间，加速系统的处理。软件层面的优化方法研究直接影响硬件资源的最大化及最优化利用，因此这是一个非常有应用价值的研究方向。

（4）基于新型 NVM 架构的缓存数据可靠性优化方法

可靠性对于系统具有非常重要的意义，一旦数据损坏或丢失将会造成不可估量的后果。随着新型 NVM 制造工艺不断提升，它们的存储单元越来越小，容量越来越大，然而存储单元的错误率也越来越高，同时新型 NVM 的写次数有限，如 PCM 和 RRAM 写的次数在 10^9 左右，当写操作达到极限后，存储芯片就会坏损，这给新型 NVM 中存储的数据可靠性带来了挑战。

为了保证缓存数据的可靠性，可以研究新的耗损均衡算法，根据应用场景的不同动态的调整读写策略，延长新型 NVM 的使用时间；研究新的缓存访问控制算法来减少写操作；研究低开销的纠错方法，在保证纠错准确率的前提下尽量减小开销；研究坏块复用方法，将坏块中未损坏的部分组合起来；研究坏块丢弃策略，将缓存中出现的坏块丢弃，然后指导其他数据正确分配和访问，并维护数据的一致性。缓存数据可靠性研究是新型 NVM 在缓存架构中的重点，是需要深入研究和探索的。

本书的方法主要从缓存功耗的角度设计优化方法，未深入考虑 NVM 缓存数据的可靠性。因此，在今后的工作中，需要考虑如何在降低缓存功耗的同时保证数据的可靠性。

(5) 研究面向 NVM 主存的功耗优化方法

通过优化缓存能大幅度减少系统的功耗，主存作为计算设备的有机组成部分，其功耗优化也不容忽视。如果在缓存功耗优化的过程中，能够有效的结合主存功耗优化，那么计算设备的整体功耗将进一步减少。近年来，研究者提出采用 PCM 架构主存的方法，然而 PCM 也具有写性能差的缺点。因此，未来的工作可以研究 PCM 主存的功耗优化辅助缓存的功耗优化，从存储体系结构中的多个层次联合优化系统的整体功耗。

(6) 研究 NVM 缓存在 GPU 应用中的优化方法

如今智能电子设备中都开始逐渐采用 GPU 来提升系统的性能，通过 GPU 辅助 CPU 进行图形计算，应用场景对计算需求越来越高，因为 GPU 有性价比高、浮点计算能力强和带宽高等优点。然而，随着半导体工艺的发展，GPU 中 warp 数量越来越多，对存储容量的需求也与日俱增,传统存储技术的应用遇到瓶颈,新型 NVM 可以有效解决容量的问题,为此,研究新型 NVM 在 GPU 缓存架构中的优化方法是一个非常有潜力的研究方向。

为了应对这种发展形势,未来的研究可能包括以下几方面,研究在 GPU 中引入新型 NVM 并设计新的缓存体系结构,从存储单元、电路级、系统级和架构等方面设计和优化;研究 GPU 下新型缓存的数据管理方法,充分利用新型 NVM 的优点并克服其缺点;研究在 GPU 局部缓存、共享缓存和全局缓存中使用新型 NVM 或混合 NVM;研究 GPU 缓存层次间的带宽和网络负载优化,提高访问速度并降低功耗。

综上所述,考虑到新时代对计算速度、存储容量、系统功耗和性能等综合因素的需求,在新缓存体系结构下,如何充分发挥新型 NVM 的优势,通过各种优化方法弥补它们的缺陷,最大限度的降低功耗并提高性能,并为大数据、云计算和物联网环境服务,这是未来的发展趋势和重点研究方向。